RENSEIGNEMENTS NAUTIQUES

RECUEILLIS A BORD

DU DUPERRÉ ET DE LA FORTE

PENDANT UN VOYAGE EN CHINE

1860-1862

PAR M. S. BOURGOIS

Capitaine de vaisseau

EXTRAIT DE LA *REVUE MARITIME ET COLONIALE*
(MARS 1863)

PARIS

LIBRAIRIE CHALLAMEL AINÉ

30, RUE DES BOULANGERS-SAINT-VICTOR

1863

V

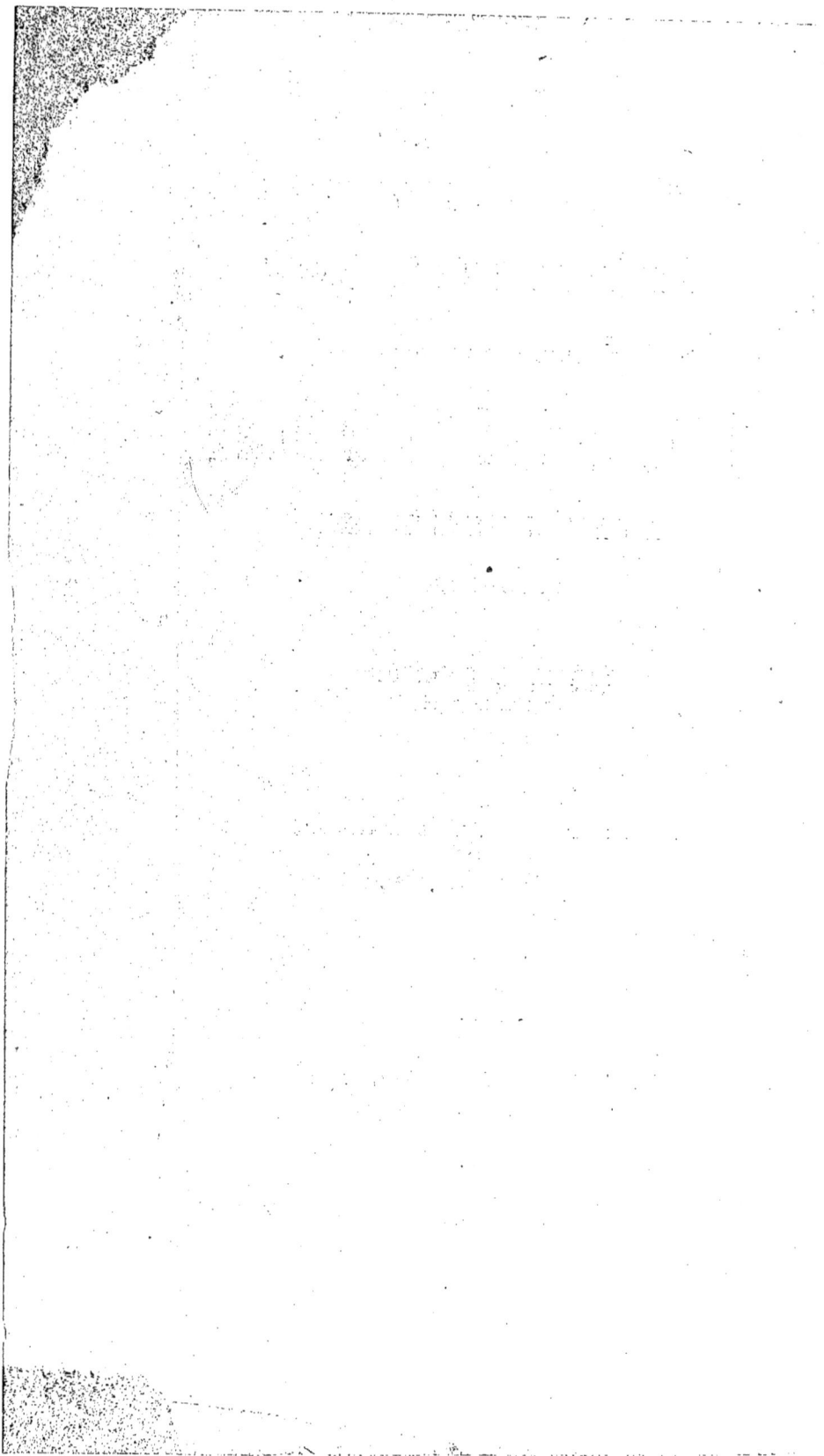

RENSEIGNEMENTS NAUTIQUES

RECUEILLIS

A BORD DU DUPERRÉ ET DE LA FORTE

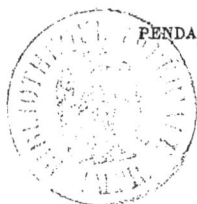

PENDANT UN VOYAGE EN CHINE.

I

VOYAGE D'EUROPE EN CHINE.

OCÉAN ATLANTIQUE.

Le vaisseau à voiles de 74 canons, *le Duperré*, dont l'armement, au port de Toulon, avait commencé à la fin de novembre 1859, était destiné à servir d'hôpital flottant dans l'expédition qui se préparait alors pour la Chine.

Nous reçûmes la mission de l'y conduire. Le 5 janvier 1860, ce vaisseau allait en rade; il était monté par 300 hommes d'équipage. Ses aménagements intérieurs étaient ceux d'un bâtiment-hôpital, et son artillerie était réduite à la batterie des gaillards.

Ses bonnes qualités avaient été éprouvées déjà par deux ans et demi d'une navigation laborieuse, dans la Baltique, la Méditerranée et la mer Noire, pendant la guerre contre la Russie. Elles allaient l'être encore dans les mers australes et les archipels de l'Indo-Chine.

RENSEIGN. NAUT. 1

Après avoir pris en rade 309 passagers et du matériel pour l'expédition, *le Duperré* appareilla, le 11 janvier, à la remorque du *Caton*, et fit route pour rallier dans les mers de Chine le pavillon du Commandant en chef.

Les relâches prescrites étaient Ténériffe, le Cap, Singapour et Hong-Kong.

La traversée du vaisseau, de Toulon à Ténériffe, n'offrit rien de remarquable. Arrivé le 18 en vue du cap de Gate, il y rencontra les vents d'Ouest et les courants qui rendent souvent si difficile le passage du détroit de Gibraltar de l'Est à l'Ouest [1].

Après quatorze jours de lutte contre ces vents contraires, parfois très-violents, bien que le baromètre ne descendît jamais au-dessous de 0m,760, *le Duperré* avait mouillé, le 1er février, dans la baie d'Almeria, près du château des Roquettes, où une centaine de navires de commerce étaient venus aussi chercher un refuge.

Le baromètre, ce jour-là, était descendu à 0m,753. Le lendemain, il remontait à 0m,758. Le vent s'établissait à l'Est, et toute cette flotte marchande faisait route avec *le Duperré* vers le détroit.

Le 3, *la Tisiphone*, expédiée par le contre-amiral Jehenne du mouillage d'Algésiras, trouvait le vaisseau en calme sous Gibraltar, le prenait à la remorque et le conduisait au large du cap Spartel où soufflait le vent du Nord, qui ne tarda pas à mollir.

Des éclairs dans l'Ouest semblaient indiquer une lutte de vents contraires, et, en effet, le lendemain 4, des bouffées alternatives de brises de S. O. et d'E. N. E. commencèrent à se faire sentir. (Baromètre 0m,753.)

Le 5 les nuages supérieurs ne cessaient pas de chasser du S. O., tandis que le vent inférieur, après avoir oscillé du S. S. E. à l'E. S. E. et soufflé assez frais de ce dernier rhumb, tournait par le Sud au S. O. et venait mourir au N. O. le 7 au soir. (Bar. 0m,766.)

Pendant la nuit du 7 au 8, le vaisseau restait en calme, par 30° 28′ lat. N. et 17° 10′ long. O. A cinq heures du matin s'élevait une légère brise de N. E. qui augmentait graduellement de force (Bar. 0m,762).

C'était l'alizé qui conduisait le surlendemain *le Duperré* au

1. Les aires de vent sont corrigées de la variation.

mouillage de Sainte-Croix de Ténériffe où il passa vingt-quatre heures.

Le 11 février, le vent, qui avait tourné à l'Est, battait directement en côte et ne laissait au vaisseau qu'un champ fort restreint pour son appareillage.

L'aviso à vapeur *le Lamothe-Piquet* se trouvait heureusement sur la rade, et l'aide de sa faible machine suffit pour assurer l'évolution du *Duperré* qui, après avoir heureusement doublé la pointe de l'île, fit route avec ses bonnettes pour aller couper la ligne par 30° de longitude.

Cette route était déjà pratiquée depuis quelque temps par des navigateurs que l'expérience avait éclairés sur les graves inconvénients de la route par l'Est, indiquée dans le pilote du Brésil. On ne saurait cependant refuser au capitaine américain Maury, directeur de l'observatoire de Washington, le mérite de l'avoir fait adopter par tous les marins.

Au N. du 13e parallèle, les courants assez variables se dirigèrent en moyenne vers l'Est avec une vitesse qui ne dépassa pas un demi-mille à l'heure. Entre ce parallèle et la ligne équinoxiale, la direction du courant fut en moyenne le N. O. et sa vitesse à peu près la même.

Le 21 février, par 2° lat. N. et 28° 40' long. O., le vent alizé, qui avait soufflé longtemps du N. E., et qui se rapprochait de l'E. depuis quelques jours, en amenant des grains de pluie, passa au Sud de l'Est pendant trois heures, après quoi il recommença à souffler légèrement, d'abord de l'E. S. E., puis du S. E. et du Sud.

Le lendemain, l'alizé de S. E. était bien établi, et *le Duperré* coupait la ligne par 30° de longitude O., filant 7 nœuds et demi, le cap au S. O.

Sans qu'il eût été bien favorisé par les vents, sa traversée, du détroit de Gibraltar à la ligne, n'avait compté que 18 jours de mer.

La frégate *la Forte* [1], se rendant aussi en Chine, sous le commandement de M. le capitaine de frégate de Tanouarn, avait coupé la ligne un peu plus à l'Ouest, par 32°, 26 jours après son départ de Cherbourg.

---

1. *La Forte* avait quitté Cherbourg le 8 décembre 1859 avec des vents de S. E. qui, soufflant avec force et parfois très-frais, avaient tourné à l'O. N. O. par le Sud.

Le 19 décembre, par 27°43' latitude N. et 24°54' longitude O., la frégate

Le 29 décembre 1859, étant par 6° 7' lat. N., elle avait vu la brise passer de l'E. N. E. à l'E. S. E. sans mollir.

Ni *le Duperré* ni *la Forte* n'avaient donc rencontré de zone de calmes équatoriaux dans cette saison et dans ces parages; car quelques heures de calme, comme on en rencontre dans toutes les mers du globe, et même au cœur des vents alizés, ne peuvent suffire pour établir l'existence d'une zone de calmes, dans la véritable acception du mot.

Le vent alizé de l'hémisphère austral, variant de l'E. S. E. au S. S. E. et soufflant assez inégalement, conduisit *le Duperré* par 20° 24' de latitude N. et 33° 46' de longitude O., à 40 lieues dans l'Ouest de l'île de la Trinité où il eut, le 3 mars, une journée entière de calme.

Le vent alizé reprit ensuite et continua de souffler du S. E. à l'E. N. E., avec quelques intervalles de calme, amenant un temps couvert et des grains de pluie (Bar. 0ᵐ,760 à 0ᵐ,762). Jusqu'au 8 mars, la route avait incliné à l'ouest. Elle avait fait passer à 55 lieues dans l'Est de Noronha. — A partir du 8, par 25° 43' lat. S. et 34° 5' long. O., on commença à faire de l'E. Le 10, par 28° lat. S., le vent tournait de l'E. N. E. au N. N. O. sans cesser de souffler en petite brise. — *Le Duperré* quittait donc, sans calme, la région des vents alizés pour entrer dans celle des vents variables tournant du N. E. au N. O.

Le baromètre n'avait pas changé de hauteur. — Le ciel était tantôt couvert et tantôt nuageux. — La houle de S. O. commençait à se faire sentir.

En janvier de la même année, *la Forte* trouvait l'alizé du S. E. plus frais avec un ciel plus clair. — Le 12 de ce mois, par 26° 50' lat. N. et 34° 19' long. O., elle voyait aussi le vent tourner de l'E. S. E. à l'E. N. E. et au N. E. — Le lendemain il passait au N. N. E. et au N. N. O.

La Forte atteignait donc, un peu plus tôt que *le Duperré*, la région indiquée sur les cartes des vents de M. le commandant de Kerhallet, comme celle où soufflent les vents variables du N. E. au N. O.

éprouvait pour la première fois un calme de quelques heures; il était suivi de brises variables du S. S. O. au O. N. O.

Le 23 décembre, par 21° 55' lat. N. et 24° 50' long. O, la brise légère tournait du O. N. O. au N. N. E. en fraîchissant.

Le vent alizé s'établissait pour *la Forte* sans calme.

Entre la ligne et le 6ᵐᵉ parallèle N. cette frégate avait trouvé un courant moyen de 16 milles à l'ouest en vingt-quatre heures.

Pour *la Forte* comme pour *le Duperré*, ces vents n'étaient que le retour sur eux-mêmes à la surface de la terre, le contre-courant des vents alizés.

L'observation confirmait donc l'opinion déjà ancienne de M. le capitaine de vaisseau Lartigue, sur l'établissement des contre-courants des vents alizés à la surface du globe. Elle était en désaccord évident avec le système des vents exposé par M. Maury dans sa *Géographie physique de la mer*, système qui suppose l'existence de zones continues de calmes entourant le globe dans le voisinage des tropiques, ainsi que le croisement, dans ces zones de calmes, des vents polaires et des vents tropicaux, d'une façon très-compliquée et dont les mouvements des fluides n'offrent aucun exemple.

Du 10 au 30 mars, jour de l'arrivée du *Duperré* dans la baie de la Table, les vents oscillèrent presque constamment de l'E. et du N. E. au N. O. et à l'Ouest par le Nord.—Une seule fois, le 25 mars, par 36° 25′ lat. S. et 0° 23 long. O., ils tournèrent de l'Ouest à l'Est par le Sud.

Voici le tableau de ces variations des vents.

DATES.	POINT A MIDI.		VENTS.
	Latitude.	Longitude.	
11 mars.	29° 27′ S.	30° 44′ O.	Du NNE. au Nord et au NE.
12 —	30 48	28 25	NE. — Nord.
13 —	31 53	25 27	Nord. — NNO. — ONO.
14 —	32 23	24 9	Calme.— Est.— NE.— NO.
15 —	32 52	21 43	NO. — Nord. — NNE.
16 —	33 3	19 15	NNE. — Nord. — NNE.
17 —	33 19	15 53	NNE. — NE.
18 —	34 32	14 19	ESE. — NE.— Est.
19 —	36 2	14 9	Est. — ENE. — Est.
20 —	36 3	14 0	ENE. — NE. —NNE.
21 —	37 0	11 59	NNE. — Nord. — NO.
22 —	37 5	8 51	NO. — Nord.
23 —	37 2	4 52	NNO. — NO. — Ouest.
24 —	36 43	2 1 O.	Ouest.
25 —	36 25	0 23 E.	NO. — SO.— Sud. — Est.— NE.
26 —	36 52	4 9	Nord. — ONO.
27 —	36 7	7 38	NO. — ONO. — NNO.
28 —	35 42	11 58	Nord. — NNO.
29 —	34 32	14 16	Nord.
30 —	Dans la baie de la Table.		OSO.

Pendant toute cette période le temps était humide, la rosée

abondante la nuit, et des brumes épaisses accompagnaient parfois les vents de la partie du Nord.

La houle de S. O. persistait malgré des vents frais d'une direction généralement différente et souvent opposée.

Le baromètre n'éprouvait que de faibles oscillations. Le 18 et le 19 mars il montait à 0^m,768 et 0^m,770 avec les vents d'Est. Le 20 il descendait à 0^m,765 en même temps que le vent halait le N.N.E. Le 22, le vent soufflant du N. au N. O., il tombait à 0^m,760 ; enfin le 26, par un temps pluvieux et une forte brume amenée par une belle brise du Nord, il baissait au minimum, à 0^m,754.

De son côté, *la Forte*, depuis le 12 janvier qu'elle quittait les vents alizés jusqu'au 1er février, date de son arrivée au cap de Bonne-Espérance, observait les variations de vents suivantes :

DATES.	POINT A MIDI.		VENTS.
	Latitude.	Longitude.	
13 janvier.	27° 59′ S.	32° 51′ O.	Du NE. au NNO.
14	28 41	31 53	NO. — Nord. — ENE.
15	30 8	31 4	Est. — ENE.
16	31 51	29 46	NE. — Nord.
17	33 51	27 21	Nord. — NNE.
18	34 40	24 25	NNE.
19	34 56	22 47	Saute cap pour cap du NE. au SO. Ciel chargé. Houle de S.O. Le vent varie du SO. au SSE. frais.
20	34 57	18 44	SSO. — SSE.
21	34 36	14 58	SSO. — Sud.
22	34 22	12 7	Sud. — ESE. Calme.
23	33 56	9 46	SSE.
24	34 4	8 32	Fraîcheur du SSO. au ONO.
25	34 30	6 55	OSO. — Nord. — ONO.
26	35 40	3 25	ONO. — OSO. — SSO. — SSE.
27	35 48	0 9 O.	Sud. — SSE.
28	35 44	1 16 E.	Sud. — Nord. — NNE.
29	36 14	5 24	Nord. — ONO.
30	36 19	9 37	ONO. — Sud. — SSE.
31	34 4	14 27	SSE. — SE.
1er février.	Dans la baie de la Table.		SE. — Sud.

On voit par ce tableau que les variations de vent observées à bord de *la Forte* entre le 28e et le 35e parallèle Sud ont été, du 13 au 19 janvier, semblables à celles observées en mars à bord du *Duperré* dans les mêmes parages, c'est-à-dire que les deux bâtiments ont trouvé des vents tournant de l'Est à l'Ouest par le Nord.

Mais le 10, par 34° 56′ lat. S. et 22° 47′ long. O., environ
deux degrés au Sud de la route suivie par le vaisseau, la frégate a essuyé une saute de vent cap pour cap, et est entrée
dans une région où dominaient des vents de la partie du S. O.,
faisant parfois le tour du compas, mais revenant habituellement se fixer entre le S. S. E. et l'O. N. O.

Ainsi que nous l'avons déjà fait remarquer, le Duperré
n'avait observé qu'une seule fois ces vents tournant par le
Sud ; c'était le 25 mars, par 36° 25′ lat. S. et 0° 23′ long. E.,
vers le point le plus méridional de sa route.

Le caractère giratoire des vents perçus par le Duperré et la
Forte dans l'océan Atlantique Austral est en contradiction
manifeste avec l'hypothèse de M. Maury qu'au Sud des pré-
tendus calmes tropicaux de l'hémisphère austral, la direction
générale moyenne des vents est celle du N. O., suivant une
ligne loxodromique.

Si au contraire, adoptant les idées fort justes de M. Lartigue
à ce sujet[1], on cherche à se rendre compte des mouvements
de l'atmosphère en les assimilant à ceux des courants de la
mer ou des fleuves, on explique aisément ces rotations fréquentes des vents, dans les parages dont il s'agit, par la formation de tourbillons aériens entre la zone des vents alizés
du S. E. et celle des vents généraux d'Ouest de l'hémisphère
austral. — Ces tourbillons, variables de grandeur, peuvent
être supposés animés des mouvements de translation qu'on
voit aux tourbillons liquides formés dans des circonstances
analogues ; c'est-à-dire à la limite qui sépare un courant
d'une eau stagnante ou d'un autre courant.

Lorsque ces tourbillons sont formés sur la gauche du courant, ainsi que cela a lieu entre le 28ᵉ et le 36ᵉ parallèle dans
l'océan Atlantique Austral, le sens de leur rotation doit être
de droite à gauche, opposé à celui du mouvement des aiguilles
d'une montre.

S'ils sont formés sur la droite du courant, comme le cas
doit se présenter au Nord des vents alizés de l'hémisphère
boréal, le sens de la rotation doit être celui du mouvement
des aiguilles d'une montre, de gauche à droite.

Dans cet ordre d'idées, les vents qui soufflent dans chaque

1. *Exposition du système des vents.* 1840.
Observations sur les données qui ont servi de base aux diverses théories des vents. 1860.

hémisphère entre les vents alizés et les vents généraux d'Ouest participeraient, dans une certaine mesure, du mouvement giratoire des cyclones, sans en avoir cependant la vitesse ni la régularité.

MER DES INDES.

Après six jours passés au mouillage de la Table, le *Duperré* appareilla, à la fin d'une série de vents de Sud, avec une brise naissante d'Ouest tournant bientôt au S. O. Il courut d'abord quelques bordées pour s'élever au large, puis il prit bâbord amures avec des vents qui continuaient à tourner graduellement dans le même sens, du S. O. au S. E. à l'Est, au N. E. et au Nord. — Ces vents lui firent ainsi décrire un grand arc de cercle dont le Cap était à peu près le centre, et le conduisirent jusque par 44° 43′ lat. Sud et 19° 20′ long. Est, le 11 avril à midi.

Pendant cette rotation des vents le baromètre ne subissait que de faibles oscillations, de 0^m,765 à 0^m,769. — Le temps était généralement beau, la brise fraîche, le ciel souvent nuageux, quelquefois même brumeux.

La route par l'arc de grand cercle, pour gagner, du point où se trouvait le *Duperré*, le voisinage des îles Saint-Paul et Amsterdam, conduisait ce vaisseau vers le 45e parallèle.

Il y trouva ces vents du N. O. au S. O. qui mieux connus de nos jours, grâce à de récentes publications hydrographiques, parmi lesquelles il faut citer l'œuvre de M. Maury. abrégent singulièrement les traversées d'Europe en Chine et en Australie.

Du 11 au 17 avril le *Duperré* navigua entre le 45e et le 46e parallèle ; puis il remonta graduellement vers le Nord en continuant à décrire un arc de grand cercle.

Le 26 il se trouvait par 33° 16′ lat. S. et 87° 23′ long. E., après avoir parcouru en seize jours 3389 milles, à raison, par conséquent, de 212 milles par jour et de 8^n,8 à l'heure en moyenne.

Le vent qui, à partir du Cap, comme nous l'avons dit, avait tourné de l'Ouest au Nord par le Sud et l'Est, acheva sa rotation le 13 avril en passant du Nord à l'O. N. O. et à l'Ouest. (Bar. 0^m,755, Th. + 12°.)

Du 13 au 18 il oscilla entre l'Ouest et le Nord et fraîchit en coup de vent (Bar. 0ᵐ,748, Th. + 10°). Mais à partir du 58ᵉ degré de longitude Est, du 19 au 26 avril, il se maintint au Sud de l'Ouest, soufflant grand frais d'abord, puis mollissant graduellement, en même temps que sa direction se rapprochait du Sud (Bar. 0ᵐ,765. Th. + 8°). La mer était toujours houleuse et souvent très-grosse du S. O. ; le ciel généralement couvert et le temps parfois pluvieux.

Le 26 avril, le vent polaire du S. S. O. tournait au S. E. sans diminuer beaucoup d'intensité. — Le *Duperré* entrait, par 33° 16' lat. S., dans la région des vents alizés de l'hémisphère austral, en filant de 9 à 10 nœuds, et sans rencontrer la zone de calmes du tropique du Capricorne dont l'existence, admise sans preuves par M. Maury, sert à étayer sa théorie des vents. — Il voyait au contraire, se vérifier, dans l'océan Indien comme dans l'océan Atlantique Austral, l'opinion de M. Lartigue que les vents polaires se transforment en vents alizés sans quitter la surface de la terre.

Plus favorisée que *le Duperré*, *la Forte* trouvait, le 19 février, lendemain de son départ du Cap, des vents de l'O. au N. qui lui permettaient de suivre une course plus directe sous des parallèles moins élevés, ne dépassant pas le 43ᵉ. Ses routes, du 28 février au 7 mars, entre le 19ᵉ et le 88ᵉ degré de long. E., donnent un total de 3400 milles parcourus en seize jours ; 11 milles seulement de plus que les routes du *Duperré*, faites dans le même nombre de jours, mais six semaines plus tard, à peu près entre les mêmes méridiens et sur des parallèles plus élevés de 3 degrés en moyenne.

L'inégalité de marche qui pouvait exister entre *le Duperré* et *la Forte*, et l'intervalle de temps écoulé entre les passages des deux navires sur les mêmes méridiens, ne permettent pas de tirer des conclusions précises de la comparaison qui précède. On peut cependant en conclure qu'il n'y a pas un avantage marqué à dépasser le 45ᵉ parallèle S. pour se rendre du Cap en Chine.

Naviguant à 60 lieues plus au Nord que *le Duperré*, *la Forte* n'a pas cessé d'avoir ces vents tournant du N. à l'O. que le vaisseau a rencontrés seulement dans la première partie de ce trajet. L'unique exception s'est produite pour la frégate, au point le plus méridional de sa route, le 28 février, par 43° 12' lat. S. et 56° 56' long. O. à midi. (Bar. 0ᵐ,767. Th. + 13°.)

Ce jour-là, après être tombé en halant le S. par l'O., le

vent a repris au N. E. Il a tourné le lendemain au N., au N. O. et au S. O. en soufflant bonne brise; enfin, le surlendemain il a continué son mouvement giratoire du S. O. au N. E. par l'E.

Le vent alizé s'est déclaré pour *la Forte* dans une saute de vent, cap pour cap, du O. N. O. au S. E., après un instant très-court de calme, le 7 mars, par 34° 13' lat. S. et 91° 50' long. E. (Bar. 0^m,765. Th: + 19°).

D'après les variations des vents observées sur *la Forte*, cette frégate aurait fait route presque constamment dans la région des tourbillons formés à gauche des vents alizés de l'océan Indien. Seulement, au point le plus méridional de sa route, elle aurait vu un de ces tourbillons achever sa rotation par le Sud et se confondre alors avec l'un des tourbillons formés à gauche du grand courant aérien polaire dont la direction moyenne est celle de l'Ouest à l'Est sur le 43e parallèle Sud.

Tandis que *le Duperré*, après avoir abandonné par 44° lat. S. et 58° long. E. la région des tourbillons des vents alizés, pour entrer dans celle des tourbillons du courant polaire et dans le courant polaire lui-même, voyait ce courant se transformer en vent alizé par une rotation graduelle, *la Forte*, plus au Nord, passait sans transition par une saute de vent, cap pour cap, de l'un des tourbillons de l'alizé dans le grand courant polaire au point où il commence à former le vent alizé.

La traduction complète des *Sailing Directions* de M. Maury, due à M. le lieutenant de vaisseau Vanéechout et publiée par le Dépôt des cartes et plans de la Marine, donne (page 400) une table des traversées des navires hollandais se rendant d'Europe à Java. Nous la prîmes naturellement pour guide de la route du *Duperré*.

Le 25 avril, le vent soufflant encore du S. O., le vaisseau avait coupé le 35e parallèle S. par 84° long. E. Il fit route ensuite pour couper le 30e parallèle S. par 95° long. E., suivant l'exemple des Hollandais. Mais le vent, après avoir tourné, comme nous l'avons dit, du S. O. au S. E., ne tarda pas à haler l'E. et à forcer *le Duperré* de serrer le vent, au plus près, tribord amures. Sauf quelques rares exceptions, pendant cette partie de la traversée, le vent se maintint entre l'E. S. E. et l'E. N. E., et remonta même quelquefois jusqu'au N. E.

Ce ne fut que le 13 mai, le vaisseau étant en vue de Sumatra, par 6° 10′ lat. S. et 101° 30′ long. E., que la brise tourna au
S. E., puis au S. S. E. et au O. S. O., en mollissant, et permit
au *Duperré* de se diriger vers le mouillage d'Anjer, dans le
détroit de la Sonde, où il arriva le 16 mai ; quarante-deux
jours après son départ du Cap et vingt jours après avoir pris
les vents alizés sur le 33ᵉ parallèle S.

Favorisée au contraire par des vents constamment au S. de
l'E. S. E, parfois même à l'O. du S., *la Forte* avait atteint le
détroit de la Sonde le 20 mars, douze jours seulement après
avoir trouvé les vents alizés par 34° lat. S. et trente-deux
jours après son départ du Cap. Elle avait franchi ce détroit
à la remorque de *l'Entreprenante*, qui l'avait conduite par celui
de Banca jusqu'auprès de l'île Poulo-Toty.

Bien qu'accidentelle, l'existence de vents alizés de l'océan
Indien soufflant au N. de l'E., ainsi que *le Duperré* les a trouvés, doit engager les navigateurs à se tenir, comme *la Forte*,
au vent de la route des Hollandais, lorsque la déclinaison du
soleil est boréale.

Dans son trajet du détroit de la Sonde à Poulo-Toty, à la fin
de mars, cette frégate avait rencontré des calmes, des orages
et des brises variables soufflant principalement du N. O.
C'était en effet la saison de cette mousson au S. de l'équateur.

Lorsque *le Duperré* franchit à son tour, au milieu de mai,
le détroit de la Sonde, il ne s'y trouvait aucun remorqueur ;
mais des fraîcheurs de S., avant-coureurs de la nouvelle
mousson, commençaient à se faire sentir.

Pour la première fois un vaisseau à voiles français allait
parcourir les canaux étroits, sinueux et peu profonds de la
mer des Passages, et pénétrer dans la mer de Chine.

Le choix de la route à suivre, au milieu des nombreux archipels de ces mers, devait influer singulièrement sur la
rapidité et le succès de sa navigation.

Déjà l'exemple de *la Constantine* et de *la Didon*, qui, à la
même époque de l'année, avaient été retenues durant quinze
jours dans le détroit de Malacca, nous avait fait préférer à ce
détroit celui de la Sonde que *le Duperré* venait de traverser
heureusement. Il nous restait à choisir entre les nombreux
canaux qui conduisent du détroit de la Sonde dans la mer de
Chine.

Le détroit de Banca offrait à peine une profondeur d'eau
suffisante pour le vaisseau, et obligeait un bâtiment à voiles

sans remorqueur à de nombreux mouillages : celui de Carimata éloignait beaucoup trop de la route directe vers Singapour. Restait le détroit de Gaspar, divisé lui-même en plusieurs
canaux, parmi lesquels nous choisîmes le plus fréquenté,
celui de Maclesfield.

Lorsque la mousson est favorable et modérée, et qu'elle
n'amène ni des grains ni des brumes trop intenses, les seuls
dangers offerts par la navigation de la mer des Passages
tiennent à l'existence possible d'écueils inconnus pareils à
ceux, en si grand nombre, portant les noms des navires qui
les ont découverts en s'y heurtant.

Mais il est évident que les chances de faire ces fâcheuses
découvertes diminuent de jour en jour, à mesure qu'augmente le nombre des navires qui ont sillonné ces mers en
tous sens.

Confiant donc dans l'exactitude des cartes de ces parages
récemment publiées d'après les travaux des Hollandais, nous
appareillâmes d'Anjer le 16 mai, à l'aide d'une faible brise
du S.S.O. au S.S.E., et nous franchîmes, dans la nuit
même, l'étroit chenal qui sépare l'île des Deux-Frères du
banc du Schabunder.

Le 19 au soir, nous reconnaissions l'entrée du détroit de
Maclesfield, que le vaisseau traversait le lendemain. A mesure
qu'il s'avançait vers le N., la brise, variable de l'E.S.E. au
S.S.O, prenait plus de force et lui imprimait des vitesses
graduellement croissantes jusqu'à $6^n,5$. Le baromètre oscillait autour de $0^m,754$.

Le 23 mai, à la pointe du jour, le *Duperré*, favorisé par
une jolie petite brise de S.E. donnait au milieu des îles boisées et peu élevées qui forment le détroit de Rhio, et y trouvait un pilote malais pratique de ce détroit et de celui de
Singapour.

Les relèvements pris sur toute la route concordaient de façon à donner une bonne opinion de l'exactitude des cartes.

Il en était de même des sondes dont on faisait un grand
usage. — Une seule fois, au sud de l'île Pankil, elles accu-
sèrent un fond inférieur à celui qu'indiquait le point sur la
carte, et dépassant de 3 mètres seulement le tirant d'eau du
vaisseau, bien qu'il fût à mi-chenal.

Un courant contraire, d'un demi-nœud environ, retardait
la marche du *Duperré*, qui ne doubla qu'à neuf heures du
soir le récif de Pan, à la sortie du détroit de Rhio.

Il fit route ensuite vers Singapour en passant entre l'écueil Affre et le banc de Johore; mais la faible vitesse de 2ⁿ5 que lui imprimait une petite brise de S. E. (Bar. $0^m,752$. Th. 29^0) fut annulée par un courant portant à l'Est pendant toute la nuit, et ce ne fut que le lendemain matin, 24 mai, qu'il put jeter l'ancre sur la rade de Singapour, après avoir ainsi franchi en huit jours la distance d'Anjer à cette dernière rade.

Pendant cette traversée la lune était nouvelle ; mais le ciel, généralement clair, permettait de distinguer assez nettement les terres la nuit. — En deux ou trois circonstances seulement, le *Duperré* dût mettre en panne pour attendre le jour. Il ne fut jamais forcé de mouiller.

Avec un temps moins favorable, sa traversée aurait pu être plus longue. En aucun cas elle n'aurait offert, par cette route, les lenteurs et les difficultés que d'autres bâtiments avaient eu à surmonter, à la même époque de l'année, en passant par le détroit de Malacca.

Dans cette zone, comprise entre le 6ᵉ parallèle Sud et le 1ᵉʳ parallèle Nord, que le *Duperré* venait de traverser, il n'avait trouvé que des brises légères avec des alternatives de calme pendant quelques heures ; mais la direction générale, du Sud au Nord, du courant aérien, était trop bien accusée, et le temps était trop beau pour qu'on pût se croire dans cette zone de calmes équatoriaux, avec son anneau de nuages, dont M. Maury suppose le globe entouré.

MER DE CHINE.

La mousson qui, dans la mer de Chine, succède à celle de N. E. et souffle d'avril à octobre, porte le nom de mousson de S. O.

Si le S. O. était réellement la direction générale de cette mousson, l'explication bien connue qu'en ont donnée les anciens auteurs et après eux M. Maury, manquerait d'exactitude, car elle ne peut s'appliquer qu'à l'existence d'une brise normale à la côte, comme les brises diurnes du large dues à la même cause, tandis que la direction du S. O. est plutôt parallèle que perpendiculaire aux côtes de Chine.

En réalité, la mousson dite de S. O. de la mer de Chine mériterait plutôt d'être appelée mousson de S. E., parce que telle est le plus souvent la véritable direction du vent que fait naître l'aspiration de l'air froid et dense de la mer par les terres échauffées du continent.

Dans un fort bon mémoire sur les ouragans de l'océan Indien, M. le capitaine de frégate Bridet, directeur de l'observatoire et du port de Saint-Denis de la Réunion, a expliqué d'une manière très-satisfaisante la direction du S. O. que prennent généralement les vents alizés de l'hémisphère austral, lorsqu'ils pénètrent dans l'hémisphère boréal pour y former la mousson d'été, de même que la direction du N. O. que prennent au contraire les alizés de l'hémisphère Nord lorsqu'ils franchissent à leur tour l'équateur, pendant l'autre saison.

M. Bridet a attribué ces directions à deux causes : en premier lieu, à l'aspiration des terres ou des mers échauffées par les rayons du soleil, lorsqu'il passe à leur zénith ; aspiration qui, appelant dans l'hémisphère où se trouve le soleil l'air moins chaud de l'autre hémisphère, lui fait franchir l'équateur et suivre la direction des méridiens pour rétablir l'équilibre de pression atmosphérique par la voie la plus courte ; en second lieu, à la différence des vitesses de rotation des parallèles successifs coupés par les molécules d'air qui ont franchi la Ligne en obéissant à la cause qu'on vient de signaler. — Cette différence de vitesse donnant, comme on sait, une vitesse apparente ou relative, de l'O. à l'E., à ces molécules qui s'éloignent de l'équateur ; et la direction du S. O. ou du N. O. des moussons dont nous parlons étant la résultante des deux vitesses composantes, l'une parallèle et l'autre perpendiculaire aux méridiens.

Ces causes, étant communes à toutes les moussons d'Asie, doivent exercer leur influence sur la mousson de la mer de Chine pendant l'été boréal.

Puissamment aidées par la configuration des côtes, elles produisent en effet, assez généralement, un vent de S. O. dans le bras de mer compris entre Bornéo et la Cochinchine. Mais plus au Nord, le gisement des côtes de Chine se rapprochant de la direction du méridien, l'aspiration des terres échauffées tend à se faire suivant les parallèles et il en résulte que, sur les côtes de la Chine, le vent de la mousson d'été tend à prendre des directions rapprochées de l'Est.

C'est ce que nous allons voir en revenant à la navigation du *Duperré*. Parti de Singapour, le 25 mai, avec une brise

variable du S. à l'E. S.E., ce vaisseau reçut, près du phare
du Piedra-Branca, à la sortie du détroit, un fort grain de
l'O. N. O. (Bar. 0^m,755 à 0^m,752), après lequel le vent tourna
au S. O. et au S. S. E.

Il souffla jolie brise et petite brise de ce dernier rhumb,
jusqu'au 30 mai où par 6° 13' lat. N. et 105° 53' long. E. il
passa à l'O. S. O. pour retomber au S. les jours suivants.

Le 3 juin, *le Duperré* étant par 12° 40' lat. N. et 109° 50'
long. E., le vent soufflait du S. E. jolie brise. (Bar. 0^m,756.
Th. 29°.) Il remontait le lendemain au N. E. par l'E. pour
sauter dans un grain sans force au S. O. (Bar. 0^m,753. Th. 28°)
et revenir au S. E. après quelques heures de calme. (Bar.
0^m,755. Th. 28°.)

Du 5 au 6, la brise modérée varia encore du S. au N. E.;
le ciel se chargea graduellement de nuages d'une teinte cui-
vrée et prit un aspect pareil à celui qui accompagne les ty-
phons (Bar. 0^m,755. Th. 29°). — Le 7, le vaisseau reçut des
grains violents accompagnés d'une pluie torrentielle (Bar.
0^m,753. Th. 28°); puis le vent hala progressivement le Sud en
mollissant. Le temps s'embellit et le vaisseau franchit le banc
de Maclesfield sur lequel il trouva 27 mètres de fond.

Le 9, la brise faible et variable retomba au S. S. O. Le 10
et le 11, on eut des brises légères de l'O. au N. N. O. et du
calme. Enfin, le 12, par un beau temps et une petite brise
d'O., *le Duperré* arriva à l'atterrage de Hong-Kong. — Il
passa dans l'Est des îles Lemma, louvoya entre ces îles et
celles de Potoï, traversa au plus près le chenal étroit entre
l'île de Lama et celle de Hong-Kong, où se voyait encore
le grand transport à hélice anglais *Adventure*, échoué et dé-
foncé sur une des roches du chenal, contourna par le N. le
banc Kellet et vint enfin jeter l'ancre le soir sur la rade
de Hong-Kong, après une navigation des plus difficiles pour
un vaisseau à voiles.

Le pilote anglais pris à l'entrée de la rade, ayant fait serrer de trop près le banc Kellet sur la droite, plusieurs coups
de plomb de sonde successifs ne rapportèrent qu'un fond
presque égal au tirant d'eau du vaisseau.

Le 18 juin, *le Duperré* appareilla de Hong-Kong pour se
rendre à l'embouchure du Yang-tse-Kiang et y rallier le pavillon de M. le vice-amiral Charner.

Aux fraîcheurs d'O. et de S. O. qui avaient régné les
jours précédents et amené de fortes pluies, succédait une

faible brise d'E., accompagnée de grains qui obligèrent le vaisseau à laisser porter dans le canal de Tartani. Il le franchit pendant la nuit et louvoya pour gagner le canal de Formose, en suivant la côte de Chine. Le 19 et le 20, les vents soufflèrent jolie brise de l'E. au S. Le 21 et le 22, ils tournèrent au S.O. et à l'O. pour varier encore, le 23, à l'E. par le S., et le 24, du S. E. au S. O., au N. E. et au S. E. Des éclairs dans le N. N. O. coïncidaient avec ces dernières variations. (Bar. de 0ᵐ,754 à 0ᵐ,757. Th. de 25° à 28°.)

Le 25, le vent s'écarta peu de l'E. S. E. Le temps était très-brumeux. — Le vaisseau gouvernant pour reconnaître les îles des Frères, aperçut dans une éclaircie, à deux milles au plus, le pied de l'île de Video, sur laquelle l'avait poussé un courant d'environ vingt milles en vingt-quatre heures, portant à l'O. N. O.

Précédemment, les différences entre les résultats de l'estime et ceux des observations avaient été, au contraire, de vingt milles au N. E. en moyenne par vingt-quatre heures.

Le 26, le vent était au Sud, le temps très-chargé et il tombait une forte pluie. On reconnut les îles Saddle, que *le Duperré* contourna à quelques milles au large. Le soir, le calme le contraignit à mouiller dans le N. O. de ces îles, par 30° 54' lat. N. et 120° 6' 30" long. E., sur un fond de 15 mètres, sable vasard.

Un canot, monté par M. l'enseigne de vaisseau Vermot, fut aussitôt expédié pour prendre les ordres de M. le vice-amiral Charner, qui se trouvait à Shang-haï avec le gros de l'expédition.

Le vent, qui sauta au N. O., assez frais, quelques heures après son départ, amena une mer houleuse dans le Yangtse-Kiang et rendit assez périlleuse la navigation de ce canot, qui, rencontré et pris à la remorque par le vapeur français *le Saïgon*, ne tarda pas à couler derrière ce bâtiment. Mais l'équipage était sauvé, ainsi que la correspondance, et le but de ce voyage aventureux était atteint. — *Le Duperré* pouvait recevoir les ordres du Commandant en chef sans courir les risques d'échouage auxquels avaient été exposées les frégates à voiles qui avaient remonté jusqu'à Wossung.

Après avoir déposé à bord du *Kien-Chan*, expédié de Shanghaï, les fonds du trésor de l'armée, qu'il apportait en Chine, *le Duperré* quitta, le 1ᵉʳ juillet, le mouillage des îles Saddle pour suivre l'expédition à Chefou.

Pendant son séjour à ce mouillage, et bien qu'on fût au cœur de la saison de la mousson de S. O., le vent ne cessa pas de souffler du N. O. au N. E. Le courant, qui atteignait une vitesse maximum de 2ⁿ5, faisait le tour du compas en deux marées.

Le premier flot portait au S., puis le courant tournait au S. O., à l'O. et au N. O. Le jusant portait d'abord au N., puis au N. E., à l'E. et au S. E.

Appareillé le 1ᵉʳ juillet avec le jusant et une jolie brise de N. E., *le Duperré* trouvait la mer assez houleuse pour l'obliger à mouiller, au retour du flot, après quelques bordées sans résultat. — Tandis que cette houle contrariait seulement sa marche, à peu de distance de lui une corvette russe en souffrait au point de démâter de ses mâts de perroquet dans un coup de roulis.

Le lendemain, 2, la brise étant plus maniable et la houle moins forte, *le Duperré* réussit à gagner le large; mais, retardé par des calmes et des fraîcheurs de l'E. S. E. au N., il resta jusqu'au 5 en vue des îles Saddle. Le 9 seulement, il aperçut le cap Shantong, près duquel, le lendemain matin, il fut rencontré en calme et pris à la remorque par *le Saï-gon*, qui le conduisit dans la journée au mouillage de Chefou, où toute l'expédition de Chine se trouvait réunie.

Six mois s'étaient écoulés depuis le départ de Toulon; mais le vaisseau, retardé dans la Méditerranée et obligé à de nombreuses relâches, ne comptait cependant que cent trente-neuf jours de mer, du détroit de Gibraltar jusqu'à Chefou, au fond de la mer Jaune.

L'état sanitaire des passagers ne laissait rien à désirer. — Le vaisseau lui-même n'avait essuyé aucune avarie ni aucune fatigue.

Quant à *la Forte*, que nous avons laissée à Poulo-Toty, se dirigeant vers Hong-Kong, elle trouvait d'abord des brises faibles et variables du N. N. E. à l'O., et parfois des calmes et des grains de pluie. Le 27 mars, elle apercevait l'île Sainte-Barbe, et le 30, le calme l'obligeait à mouiller, par 48 brasses de fond, à environ 12 milles dans le S. E. de cette île. Elle y observait un courant de 1ⁿ,2 vers le S. ¼ S. E.

Après plusieurs autres mouillages, occasionnés par des calmes ou de faibles brises de N. O., dans le canal entre Bornéo et les îles Tambelan, par 54 et 55 mètres de fond, elle eut enfin, le 2 avril, un souffle de vent d'E. qui la conduisit à quelques milles dans l'O. S. O. de l'île de l'Ouest, où elle mouilla de nouveau par 58 mètres de fond. En ce lieu, le courant portait d'un demi-mille à l'heure dans l'O. S. O.

Le 3 avril, le vent tournait au N. E. en fraîchissant. — Le 5, il donnait de forts grains de pluie. (Bar. 0m,760. Th. + 27°.) — La direction de la houle indiquait que *la Forte* entrait dans la région de la mousson de N. E.

Cette frégate se trouvait alors, par 5° 43' lat. N. et 105° 43' long. E., en vue de Poulo-Aor. Elle avait certainement traversé, depuis la Sonde, une région de faibles brises et de calmes ; mais ces calmes avaient une cause accidentelle dans le changement de mousson qui allait bientôt s'opérer. La présence des terres n'était pas non plus étrangère à leur existence, et l'on doit remarquer enfin que les brises légères qui retardaient la navigation de *la Forte* avaient généralement cette direction du N. O. que prend, d'après M. Bridet, le vent alizé du N. E., lorsqu'il pénètre au S. de l'équateur.

A partir du sixième parallèle N., *la Forte* trouva la mousson de N. E. bien établie, avec un temps couvert et des grains fréquents amenant des rafales et de la pluie. — Le 10, le temps s'embellit.

Le 12, le vent varia un instant au S. par l'E. A part cette exception momentanée, le vent de la mousson se maintint entre l'E. N. E. et le N. jusqu'au 18 avril, soufflant le plus souvent jolie brise avec beau temps.

Le 18, par 15° 46' lat. N. et 12° 3' long. E, après quelques heures d'un temps couvert et à grains, la brise soufflait du N. en coup de vent et sautait à l'O. S. O. (Bar. 0m,757. Th. + 27°.) Elle tombait entièrement le 20 et elle était remplacée par des fraîcheurs et des petites brises de S., avant-coureurs de la mousson du S. O., qui conduisirent *la Forte* au mouillage de Hong-Kong le 20 avril.

Les vents de N. E. y régnaient toujours, et la frégate les trouva encore au large pendant sa traversée de Hong-Kong à Shang-haï commencée le 5 mai. Ils l'obligèrent à passer dans l'E. de Formose pour profiter des courants portant au N., le long de la côte orientale de cette île.

Entre le 21me et le 24me parallèle, *la Forte* fut portée par ces courants de 36 milles en moyenne, par vingt-quatre heures.

Le 17 mai, le calme remplaçait la mousson. Il était suivi

d'une petite brise de S. variant le 19 à l'E, S. E. en fraîchissant.

La Forte mouilla ce jour-là dans le N. O. des îles Saddle, d'où elle fit route le lendemain pour entrer dans le Yang-tse-Kiang.

Le *China Pilot* donne pour les vents régnants à Shang-haï les résultats de cinq années d'observation, de 1848 à 1854. Nous mettons ici, en regard de ces résultats, ceux déduits des journaux de *la Forte* pendant son séjour à Shang-haï en 1860, 1861 et 1862.

MOIS.	VENTS RÉGNANTS A SHANG-HAI	
	D'APRÈS LE *CHINA PILOT* de 1848 à 1854.	D'APRÈS LES JOURNAUX DE LA *FORTE*, de 1860 à 1862.
Janvier	NE. au NO., généralement NNO.	NE. — Nord. — NO.
Février	NE. au NO., généralement NNO.	ESE. — Nord. — NÓ.
Mars.......	SE. au NE. variables.	ESE. — NE. — NO.
Avril......	SE. à ENE. généralement SSE.	SE. — NE.
Mai........	SSE. à ESE.	SO. — SE. — NE. — var.
Juin.......	SSE. à SE.	SSO. — SSE. — ESE.
Juillet.....	SSE.	SO. — Sud. — ESE.
Août.......	SSE.	Variables, généralement SE.
Septembre..	Est. — NE.	Est. — NE. — NO.
Octobre....	NE. NO.	Est. — NE. — NO.
Novembre..	NO. et variable.	NE. — NO.
Décembre..	Nord et NO.	NE. — NO.

Il résulte de ce tableau qu'à Shang-haï, pendant la saison d'hiver, les vents régnants oscillent autour du N. et se rapprochent souvent du N. O.

C'est ce que nous avons observé aussi sur les bords du golfe de *Pe-Chili;* et cette direction des vents d'hiver sur la côte orientale d'Asie s'explique aisément, comme celle des vents de N. E. qui soufflent en février et en mars sur les côtes d'Europe, par le refroidissement considérable des régions septentrionales de l'ancien monde, lorsque le soleil est dans l'hémisphère austral.

A mesure que le soleil remonte vers le N., le vent vient de plus en plus du large ; et lorsque, pendant l'été, la Chine est échauffée par les rayons d'un soleil plus voisin du zénith, le vent souffle, ainsi que nous l'avons dit précédemment, de directions généralement normales à la côte et qui varient par conséquent de l'E. S. E. au S. S. E.

Des calmes accidentels existent dans la mer de Chine, particulièrement aux changements de mousson et pendant celle dite de S. O.

Nous admettons volontiers, avec M. Maury et les auteurs qui ont traité avant lui ce sujet, que là où existent ces calmes, dans la zone torride, la chaleur solaire dilatant l'atmosphère, détermine le double courant, d'aspiration d'air froid à la surface de la terre et d'expulsion d'air chaud dans les régions supérieures, qui rétablit l'équilibre de pression de l'atmosphère.

Mais nous nous étonnons que M. Maury n'ait pas remarqué combien cette cause doit être plus active sur les terres brûlantes de la zone torride que sur les mers de la zone équinoxiale protégée par son écran de nuages, et qu'il ait négligé de tenir compte dans son système des vents d'un fait aussi général et aussi évident que l'absorption d'immenses volumes d'air par les continents, lorsqu'ils sont échauffés par l'action prolongée de la chaleur solaire.

A ne parler que de la Chine, les faits observés que nous venons de mentionner ne laissent aucun doute sur l'existence, pendant l'été boréal, d'un vaste courant aérien venant s'engouffrer sur les côtes de ce pays suivant la direction moyenne du S. E. qui est celle des vents alizés de l'hémisphère austral.

Nous aurons ailleurs l'occasion de montrer, en nous servant des excellents documents publiés par M. Maury et à l'utilité desquels nous rendons un sincère hommage, que les vents de S. E. de la côte de Chine ne sont autre chose que ces mêmes vents alizés de l'hémisphère austral, qui franchissent l'équateur pendant la saison de l'été boréal où ils atteignent leur plus grande force et qui soufflent sans interruption, jusqu'en Chine, à la surface de la mer.

Quant à l'hypothèse du croisement des vents inférieurs et supérieurs, sous la ligne et les tropiques, imaginée par M. Maury, le navigateur chercherait en vain à la surface des mers des indices de sa réalité. Elle devient en outre sans nécessité, si, comme l'a écrit M. Lartigue, la circulation de l'atmosphère s'établit principalement par des courants de surface et si les vents généraux d'O. forment, sans discontinuité et par une simple rotation, les vents alizés.

Les faits observés jusqu'ici sur *le Duperré* et *la Forte* corroborent, comme on l'a vu, cette dernière opinion, en ce qui concerne l'océan Indien.

II

VOYAGE DE CHINE EN EUROPE.

Le Duperré avait depuis longtemps quitté la rade de Chefou pour le mouillage de la rivière de Saïgon, où il portait le pavillon de M. le vice-amiral Bonard, lorsque nous fûmes relevé de nos fonctions dans le N. de la Chine.

Les frégates à voiles étaient rappelées. *L'Andromaque*, commandée par M. le lieutenant de vaisseau Letourneur, avait quitté Wossung le 20 mars, et *la Vengeance*, commandée par M. le capitaine de frégate Massillon, avait fait voile de Chefou le 5 avril. M. le contre-amiral Protet, qui devait, quelques semaines plus tard, trouver une mort si glorieuse en combattant les Taëpings, voulut bien nous confier le commandement de *la Forte*, et nous appareillâmes de Shang-haï pour Saïgon avec cette frégate, le 14 avril 1862.

Les observations de cette traversée sur les vents régnants dans les mers de Chine ne font que confirmer ce qui en a été dit précédemment.

A sa sortie du Yang-tse-Kiang, le 16, la frégate trouva encore une jolie brise du N. au N. E. qui, le 19, par 25° 40' lat. N. et 118° 38' long. E., après une demi-journée de calmes et de fraîcheurs d'O., fut remplacée par une brise fraîche de S. O. tournant au N. par l'O. le 20 et au N. E. le 21, pour mourir à l'E. le 22.

Jusqu'au 26, on eut ensuite de petites brises variables d'O. S. O., de N. E. et d'E. S. E., séparées par quelques heures de calme ; puis la brise s'établit de la partie du S. inclinant graduellement vers l'E.

Le 30, par 15° lat. N. et 115° long. E., elle remontait au N. E. pour retomber le 1er mai à l'E. S. E. — Les jours suivants elle oscillait entre l'E. S. E. et le N. — Enfin, le 4 mai, après dix-huit jours de mer, *la Forte*, poussée par des vents d'E. N. E., atteignait le mouillage de Candjio, dans la rivière de Saïgon.

Plus favorisées par la mousson, *l'Andromaque* avait fait en dix jours la traversée du Yang-tse-Kiang à Saïgon, où elle avait hardiment remonté à la voile, et *la Vengeance* avait mouillé au cap Saint-Jacques quinze jours après son départ de Chefou.

Des vents variables du S. à l'E. soufflaient depuis le commencement d'avril sur les côtes de la nouvelle colonie française. — Ils persistèrent pendant les sept jours passés par *la Forte* à Candjio, amenant de trop rares orages.

La chaleur, en effet, était intense et les pluies, en retard, étaient attendues avec impatience pour rafraîchir l'atmosphère et améliorer l'état sanitaire de la colonie.

Après avoir déposé le personnel et le matériel qu'elle transportait en Cochinchine, *la Forte* appareilla le 11 mai pour la Réunion, et descendit la rivière à la remorque de *l'Allonprah*. A sa sortie, elle eut d'abord à louvoyer contre le vent de S. E. pour doubler les bancs qui s'étendent au large de l'embouchure du Camboge et sur lesquels les courants portent parfois avec violence.

Heureusement, dès le lendemain, le vent sauta au N. O. et tourna au S. O. en fraîchissant. Il amenait avec lui les grains, les orages, et les fortes pluies si ardemment désirées en ce moment-là en Cochinchine.

LA MER DES PASSAGES A CONTRE-MOUSSON ET LE DÉTROIT DE STOLTZ.

La navigation des passages qui conduisent directement de la mer de Chine au détroit de la Sonde et à l'océan Indien n'offre que des difficultés faciles à surmonter, lorsque la mousson favorable permet de suivre une route directe dans les canaux les plus fréquentés de ces mers.

Mais lorsque des grains violents, des sautes de vent, ou des orages masquant les terres, viennent se joindre aux obstacles de la mousson et du courant contraires, le navigateur, forcé de prolonger ses bordées dans le voisinage de côtes dangereuses ou mal déterminées, regrette de ne pas être mis en possession, par de bonnes instructions nautiques, de l'expérience précieuse de ses prédécesseurs. — A ce regret succède en lui, après qu'il a triomphé de ces dangers et de ces obstacles, le désir d'éviter, à ceux qui le suivront sur la même route, une partie des difficultés qu'il y a rencontrées.

Tel est le motif qui nous engage à nous étendre ici sur cette navigation trop peu connue encore de la mer des Passages.

Les ouvrages de M. Maury, si pleins de faits relatifs aux routes fréquentées par les navires américains, ne renferment que peu de chose sur l'archipel indo-océanien : une page à peine, consacrée à un extrait du journal de *l'Arbella*, concernant sa navigation, entre Singapour et Batavia, du 14 juin au 8 juillet.

Quant aux cartes pilotes du même auteur, dont quelques carrés concernent la mer des Passages, leur forme ne permet d'enregistrer que la fréquence relative des différents vents qui ont soufflé. Elles laissent ignorer une donnée importante pour le marin, le sens des variations habituelles de ces vents.

D'après Horsburgh et M. de Kerhallet, l'équateur séparerait la mer comprise entre Bornéo et Sumatra en deux zones dont l'une, la septentrionale, recevrait le souffle de la mousson de S. O. pendant l'été, et de la mousson de N. E. pendant l'hiver boréal; tandis que l'autre zone, la méridionale, aurait la mousson de N. O. pendant l'été et la mousson de S. E. pendant l'hiver austral.

Avril et octobre seraient les limites de ces deux saisons, pluvieuses ou sèches suivant que la mousson souffle de l'équateur ou du pôle. Les courants auraient toujours la direction du vent de la mousson.

Si à ces notions, trop générales pour être bien exactes, on ajoute la nomenclature assez aride que donne Horsburgh des îles et des rochers dont la mer des Passages est semée, on a la somme des renseignements dont dispose encore aujourd'hui le navigateur, forcé, comme nous l'étions, de traverser ces parages dans des circonstances défavorables.

Nous écartâmes néanmoins la pensée d'aller chercher, par un long circuit autour de Bornéo, des vents moins contraires, et nous résolûmes de gagner directement le détroit de la Sonde, en louvoyant entre Sumatra et Bornéo et en tirant parti des variations du vent, du S. O. au S. E., qu'il nous était permis d'espérer d'après les renseignements ci-dessus et notre propre expérience acquise sur *le Duperré*.

En admettant comme exacte la distinction précédemment indiquée entre la mousson du S. O., au Nord, et celle du S. E. au Sud de la ligne, dans la saison où se trouvait *la Forte*, il était naturel que cette frégate allât couper l'équateur le plus à l'E. possible. — Aussi fit-elle route d'abord vers le passage à l'E. de la grande Natunas, laissant ainsi cette île au vent, pendant les grains violents de N. O. qui soufflaient alors avec une périodique régularité. — Le pic de la grande Natunas est très-élevé et se distingue à 20 lieues au moins en temps clair. L'îlot au N. de Poulo-Leat et de la chaîne entière des Natunas, s'aperçoit à environ 10 lieues en temps clair et forme aussi un bon point de reconnaissance. — Le côté E. de la grande Natunas est d'ailleurs libre de dangers à quelques lieues de terre, tandis que le côté O. abonde en îlots et en rochers.

A partir du 16 mars, jour où *la Forte* passa à 10 lieues dans l'E. du pic de la grande Natunas, les vents se maintinrent assez faibles, entre le S. S. E. et le S. S. O., avec des grains modérés du S. à l'O. accompagnés de pluie.

Des différences sensibles entre les résultats de l'estime et des observations commencèrent à se manifester à partir du moment où la frégate s'engagea en louvoyant dans le canal compris entre cette dernière île et l'île Basse à droite, les îles Plates et l'île de l'Ouest à gauche.

Le 18 mai, ces différences atteignaient 21ᵐ à l'E. et 15ᵐ au N. en 24 heures, et tout en faisant la part d'une trop faible estimation de la dérive, assez générale sur nos bâtiments, elles indiquaient un courant sensible dirigé au N. E.

L'existence de ce courant ne laissa plus de doute lorsque *la Forte*, retenue par des brises folles auprès de l'île de l'Ouest, les 21, 22 et 23, dériva visiblement vers le N. E. de 15 à 18 milles en 24 heures.

Le 24 mai seulement, elle parvint à faire de la route au S. et perdit de vue le pic de la grande Natunas, aperçu le 15 ; enfin le 27, à la faveur d'une petite brise de S. S. E., elle arriva, en louvoyant, en vue de l'île Tambelan et des hauts sommets de Bornéo.

Le pic de Tambelan, moins élevé que celui de la grande Natunas, s'aperçoit encore à une distance de 15 à 18 lieues par un temps clair ; tandis que les autres îles précédemment mentionnées sont très-peu élevées sur l'eau comme les îles Basse et Plates, ou de médiocre hauteur, comme les îles de l'Ouest, Saint-Pierre et le Tas-de-Foin ou *Hay-Cock*. Toutes ces dernières îles sont boisées jusqu'au rivage.

En louvoyant dans ces parages, le 21 avril, *l'Andromaque* avait reconnu, près du Tas-de-Foin, un danger qu'il importe de signaler.

Voici en quels termes M. Letourneur en parle dans son rapport :

« Nous louvoyions pour nous élever de la grande Natunas sur laquelle nous poussaient de forts courants, et aussi pour éviter le banc de Diana, écueil très-dangereux. Confiants dans les instructions d'Horsburgh, nous poussions nos bordées jusqu'à la pointe occidentale d'Hay-Cock, réputée saine de ce côté, lorsque la vigie nous signala un changement de fond. — La sonde, en ce moment, accusa également une diminution très-sensible, et avant que nous eussions changé de route, nous n'avions plus que 10 mètres de fond.

« Nous étions alors sur un plateau de coraux, dont quelques têtes, au vent et sous le vent, nous ont paru assez près de l'eau.

» Ce banc s'avance à 3 milles dans le S. O. d'Hay-Cock. »

Entre Bornéo à l'E., Tambelan à l'O. et la chaîne des petites îles Direction et Poulo-Datto au S., existe un spacieux bassin où les bâtiments qui naviguent à contre-mousson peuvent louvoyer avec sécurité, et mouiller même au besoin pendant les calmes et les orages de la mousson de S. O., par 35 à 45 mètres, sur un fond de vase.

Le temps mis par *la Forte* à franchir ce passage aurait pu être abrégé par une connaissance plus exacte de cette circonstance, et de la nature des vents qui régnaient.

Le 27 mai, l'île Direction restant au S. 9° O., et le pic de Tambelan au N. 62° O., la brise au S. O., modérée, le ciel commença à se voiler dans l'O., et une teinte sombre s'étendit successivement de cette partie vers tous les points de l'horizon.

A peine la frégate avait-elle pris les amures à tribord et deux ris aux huniers, que le vent sauta à l'O. bon frais.

Tout le reste du jour et toute la nuit suivante ce ne fut qu'une succession de grains soufflant de l'O., dans l'intervalle desquels la brise régulière et modérée du S. S. E. au S. O. reprenait son cours.

Deux de ces grains, d'une grande violence, obligèrent à serrer le perroquet de fougue. C'était bien là les *Bornéos* signalés dans le Dictionnaire géographique de Bouillet, mais dont aucune instruction nautique, à notre connaissance, ne fait mention.

La crainte d'être drossé sur la côte de Bornéo nous obligeait fréquemment à recevoir bâbord amures, ces grains qui commençaient au S. O. pour tourner plus tard à l'O. et au N. O. — Il en résultait que la frégate faisait beaucoup de chemin au N. et perdait dans un grain tout ce qu'elle avait gagné depuis le précédent.

Mieux éclairé sur les variations régulières du vent dans ces grains, le navigateur, placé à une distance convenable de Bornéo, ne craindrait pas de les recevoir tribord amures, et en tirerait un parti fort utile pour gagner dans le Sud.

Après avoir lutté toute une nuit contre cette succession de grains violents, *la Forte* aperçut à la pointe du jour un brick de commerce mouillé au milieu du canal. La mer n'était pas grosse. La qualité vaseuse du fond et un brassiage de 40 mètres seulement, semblaient lui offrir toute sécurité. — Un courant d'environ un nœud drossait la frégate vers le N.; mais le beau temps ne tarda pas à se rétablir et la brise à se fixer au S. S. E.; ce qui permit à *la Forte* de sortir, bâbord amures, le 29 au soir, du bassin dans lequel elle louvoyait, en passant à environ 5 milles sous le vent de l'île Direction.

La vue de cette île, aperçue distinctement, malgré l'obscurité de la nuit, donnait la certitude d'éviter le danger caché qui existe entre elle et l'île de Tambelan, à 10 milles de la première.

Le S. de l'île Tambelan est à éviter en toutes circonstances, bien que le rocher blanc, marqué sur la carte en cet endroit, ait une élévation et une forme qui le rendent facile à distinguer de loin et en font une assez bonne balise.

Lorsque la bordée de bâbord amures eut été poussée, avec la même brise de S. S. E. jusqu'auprès de l'écueil Véga, il fallut courir des bordées pour s'élever dans le S.E., et, tant par l'effet de la houle et de la dérive que par celui du courant, le gain journalier au vent n'était guère que de cinq à six lieues.

Dans cette situation, il fallait faire choix d'un passage pour pénétrer dans la mer de Java. Le détroit de Banca offrait cet avantage que dans la position où se trouvait *la Forte*, il suffisait de laisser porter pendant quelques heures pour en atteindre l'extrémité septentrionale. On pouvait ensuite profiter des marées favorables pour gagner l'issue méridionale ; mais là, le chenal étroit et peu profond de Lucépara aurait obligé *la Forte* à des bordées beaucoup trop courtes pour son faible équipage, réduit à deux cent dix hommes tout compris, et comptant alors plus de cinquante malades.

Nous avions d'ailleurs l'exemple de *la Constantine*, qui, au mois de mai, avait mis trente-trois jours à se rendre de Singapour à l'île du Prince, par le détroit de Banca.

Quant à gagner le détroit de Maclesfield, sans s'être suffisamment élevé dans l'E. en mer libre, c'était s'exposer à un louvoyage dangereux dans des parages semés de roches douteuses, et courir la chance d'être affalé par un vent d'E. frais sur la côte orientale de Banca, parsemée d'écueils.

Nous résolûmes donc de continuer à gagner au vent jusqu'au N. de Billiton, à l'entrée du passage de Carimata, et là, si les vents halaient le S., de prolonger la bordée de tribord amures dans ce détroit jusqu'à Bornéo pour virer et faire route ensuite bâbord amures sur Java ; ou bien, si les vents halaient l'E., de raser de près, bâbord amures, la pointe N.O. de Billiton, pour donner dans la mer de Java par le détroit de Stoltz.

Cette manœuvre nous réussit pleinement ; mais avant d'aller plus loin, nous devons signaler les variations régulières de la brise observées par *la Forte* dans les parages qu'elle venait de traverser : la connaissance de ces variations pouvant être fort utile pour régler les bordées à courir dans une pareille navigation.

Autrefois déjà nous avions remarqué, avec tous les marins, pendant les beaux temps d'été, sur la rade d'Hyères, les variations diurnes de la brise du large qui se lève le matin à l'E. ou au S. E., et tourne avec le soleil pour aller le soir mourir à l'O. ou se changer en brise de terre.

Nous venions d'observer des variations semblables, du S. E. au S. O. en louvoyant dans le canal des Natunas.

Enfin du 30 mai au 4 juin, pendant que nous courions des bordées pour nous élever dans le S. E. et gagner le Nord de Billiton, bien que le temps ne fût pas très-beau et que des orages se succédassent fréquemment, nous remarquâmes encore une certaine régularité dans les variations de la brise.

Pendant le jour, elle soufflait de l'E. S.E. au S.E. ; et pendant la nuit, du S. S. E. au S.

Il est difficile de ne pas voir dans ces variations un effet de la chaleur solaire, bien que leur explication complète ne nous soit pas connue. Cette explication, en tout cas, ne peut être entièrement celle qu'on donne des brises de terre et des brises du large.

Le 4 juin au matin, à la fin de la bordée de tribord amures, nous avions aperçu l'île de Carimata, à douze lieues dans l'E.; mais le vent, comme de coutume, avait tourné à l'E. S. E.

Nous prîmes alors le parti de gagner, le soir même, un mouillage sous Billiton, pour donner le lendemain matin dans le détroit de Stoltz.

Un fort orage de N.E., suivi de calme, nous força de mouiller avant d'avoir atteint la côte occidentale de l'île.

L'hydrographie française possède deux cartes des passages compris entre Bornéo et Sumatra, dressées par M. de la Roche-Poncié, d'après les travaux les plus récents des Hollandais.

De continuels orages et le peu d'accord des montres de *la Forte* ne nous permirent pas de vérifier exactement la position des points saillants de Billiton. Cependant les relèvements pris nous feraient croire que le tracé du contour septentrional de cette île laisse beaucoup à désirer pour l'exactitude.

D'après la carte, cette côte, après avoir couru à l'E., à partir des *onze îles* situées à la pointe N. O. de Billiton, ferait un arc un peu rentrant vers le S. Il nous a paru qu'en réalité elle se dirigeait vers l'E. N. E., attendu que du mouillage de *la Forte*, à environ 10 milles au N. E. de la plus avancée des *onze îles*, on relevait le point le plus éloigné de la côte à l'E. du monde.

A ce mouillage, on avait un brassiage de 30 mètres, fond de sable vasard.

L'état de la mer et la bonne tenue du fond indiquaient qu'on devait s'y trouver en complète sécurité durant la mousson du Sud.

La plus avancée des *onze îles* a une élévation moyenne et paraît accore. Il serait dangereux cependant d'en approcher à moins de deux milles, car une roche recouverte d'un à deux mètres d'eau a été signalée, en 1861, à un mille et demi dans le N. O. de l'île la plus saillante. En outre, l'aspect des rochers de différentes grandeurs composant ce groupe, ou semés entre lui et l'île de Billiton, doit faire craindre que cette roche hors de l'eau ne soit pas la seule au large des *onze îles*.

La Forte, après avoir appareillé le 5 juin au matin, contourna ces îles à deux milles au large, sans apercevoir aucun indice de dangers sur sa route.

La sonde rapportait 30 mètres d'un bon fond de sable et vase.

Après les *onze îles*, la côte de Billiton court au S. et forme avec le groupe saillant des îles Mendanau une vaste baie ouverte au N. O., et au milieu de laquelle se trouve le mouillage de Tjéroutjoup, fréquenté par les Hollandais, à qui appartient la riche colonie de Billiton.

La Forte avait à peine doublé les *onze îles*, qu'elle filait dix nœuds sous un grain de N. E. en vue depuis le matin, et que toutes les terres disparaissaient sous une pluie torrentielle.

Lorsque le ciel s'éclaircit, elle se trouvait par le travers du mouillage de Tjéroutjoup, où l'on apercevait deux navires de guerre à vapeur hollandais que nous sûmes depuis être occupés à la répression de la piraterie dans ces mers.

D'après la nature du fond dans le voisinage et la configuration de la côte, ce mouillage paraît très-sûr durant la mousson du Sud; et la présence de bâtiments de guerre semble indiquer qu'il ne manque pas de ressources pour le ravitaillement. Ce sont là des avantages que ne présente pas la partie occidentale du détroit de Gaspar, et qui sont précieux pour un bâtiment médiocrement armé traversant le détroit à contre-mousson.

Les fonds de vase qu'on trouve au nord de Billiton, comme au nord de Java, font place à des fonds de sable et de gravier à mesure qu'on avance dans le détroit de Stoltz.

Lorsque le calme se fit, le 5 au soir, *la Forte* mouilla par 33 mètres, sur un fond de cette nature, à l'O. d'une belle baie, bordée d'une plage de sable et formée par les îles Poulo-Batou et Mendanau. De ce mouillage, on relevait à l'E. S. E. l'îlot de la pointe O. de Mendanau, et au N. E. celui de la pointe O. de Poulo-Batou.

L'intérieur de la baie paraît offrir aussi un bon abri avec de plus petits fonds; mais le pays semble inhabité et dénué de ressources.

Le lendemain 6, au moment d'appareiller, *la Forte* étalait à ce mouillage, avec deux maillons de chaîne seulement, un fort grain de S. E.

Un des vapeurs hollandais aperçus la veille vint là nous

offrir des services qu'une jolie brise d'E. S. E., succédant au grain, nous dispensa d'accepter.

La Forte, appareillée, fit route dans le détroit de Stoltz pour le franchir définitivement.

Ce détroit peut être considéré comme divisé en deux parties. La première est le bassin limité, au N. E., par le groupe des îles Mendanau; au S. O., par celui des îles du Nord, du Sud et de la Table; au S. E. enfin, par le groupe des Six-Iles.

C'est dans ce bassin, ouvert au N. O. et large de sept à huit milles, qu'un bâtiment peut louvoyer avec des chances de succès contre le vent de S. E.

Le courant, que nous avons trouvé de quelques dixièmes de nœuds seulement vers le N., ne lui opposerait pas un grand obstacle; et la mer, durant la mousson du S., doit y être aussi belle que dans une rade fermée.

Il atteindrait donc avec certitude, dans la journée, un point sous le vent des Six-Iles où il pourrait mouiller, pour prendre le lendemain la bordée de bâbord amures, et franchir la seconde partie du détroit.

A près de deux milles au large du groupe des îles Mendanau s'étend une ligne de récifs parallèle à la côte; mais leur limite est marquée par un îlot très-apparent situé à 4 milles dans le S. 1/4 S. E. de la pointe O. de la grande Mendanau. — Sur tous les bords du bassin on doit trouver des fonds propres au mouillage.

La seconde partie du détroit de Stoltz, au S. de la première, offre d'abord un chenal de 5 milles dirigé au S. O., entre l'île de la Table et les Six-Iles, laissant au N. O. le banc de Vansittart.

Avec des vents de S. E., un bâtiment peut, en suivant cette direction du S. O., sortir du détroit à la bordée. — Peu après avoir dépassé les Six-Iles, si le temps n'est pas brumeux, il reconnaîtra l'île du Banc à une distance d'environ quinze milles.

Les relèvements de cette île, et des autres en vue, particulièrement de la Selle, la plus haute et de la forme qu'indique son nom, serviront à guider la route du bâtiment, lorsqu'il contournera l'île du Banc dans le N. O., pour parer le rocher Embleton. — Ensuite, si c'est pendant le jour et si le temps est clair, les relèvements de l'île du Banc lui permettront de passer, en sécurité, à gauche ou à droite de la roche *Fairlie,* suivant que le vent sera plus ou moins favorable.

Si, après avoir doublé les Six-Iles, le vent était franchement de l'E. ou dépendait du N., on pourrait sortir du détroit de Stoltz en gouvernant entre le S. et le S. S. E., pour doubler au vent la ligne de dangers formée par l'île du Banc, les brisants et l'île de Sable ; mais l'absence de mouillage et la houle de S. E. qu'on trouve, à la sortie du détroit dans cette mousson, doivent engager à ne prendre cette route qu'avec un vent sûr et bien portant.

Si les vents étaient établis au S., la sortie des passages par le détroit de Stoltz, sans offrir de difficultés particulières, perdrait une partie de ses avantages, parce qu'on serait obligé de louvoyer encore après avoir doublé les Six-Iles.

D'ailleurs, dans ce cas, ainsi que nous l'avons dit plus haut, le meilleur parti, si l'on n'était pas engagé déjà dans le détroit de Stoltz, serait de courir tribord amures dans le passage de Carimata et de prolonger la bordée jusqu'auprès de Bornéo, d'où une variation de vent vers l'E. permettrait de gagner facilement le détroit de la Sonde en prenant les amures à l'autre bord.

La Forte avait des vents de l'E. S. E. à l'E. lorsque, le 6 juin au matin, elle faisait route en laissant un peu à bâbord la plus occidentale des Six Iles. — Après l'avoir doublée, elle continua à serrer le vent pour doubler dans l'E. l'île du Banc ; mais la brise mollit et refusa ; une forte houle de S. E. se fit sentir au débouquement, et les relèvements indiquèrent que l'on était porté dans l'O. par la dérive et le courant.

Le temps se chargeait dans le S. E., et comme un louvoyage de nuit, par un temps à grains, entre l'île de Sable et les roches qui entourent Poulo-Selio, pouvait offrir quelques dangers, nous nous décidâmes à laisser porter et à passer sous le vent de l'île du Banc.

La seule difficulté consistait à parer le rocher Embleton en estimant la distance du bâtiment à l'île du Banc, car des grains couvrant tout l'horizon rendaient impossible en ce moment l'usage des relèvements.

Le vent fraîchissait graduellement. — On prit trois ris aux huniers pour n'être pas surpris par des rafales dans le voisinage des dangers. Une roche à fleur d'eau, sur laquelle brisait la mer, fut aperçue dans une position voisine de celle assignée à la roche Embleton, mais plus au large en apparence.

D'autres écueils, moins éloignés de terre, se voyaient dans

différentes directions. — On apercevait, des hunes, les brisants situés entre l'île du Banc et l'île de Sable. Celle-ci était hors de vue.

Cependant le vent était resté à l'E. S. E., les grains se dissipaient. — *La Forte*, après avoir contourné les dangers à l'estime, à 4 milles environ de l'île du Banc, serra le vent en gouvernant au Sud. — Elle pouvait sortir le soir même à la bordée, mais le vent tomba avec le jour. — Le cas était prévu. — La frégate trouva un bon mouillage par 18 mètres, fond de sable et gravier, à 8 milles dans le S. O. de l'île du Banc.

Le lendemain, le vent soufflant du S. E. à l'E. S. E., *la Forte* appareilla à la pointe du jour et doubla, bâbord amures, la roche *Fairlie*, en se guidant sur les relèvements de l'île du Banc.

Après avoir reconnu l'îlot North-Watcher, elle atteignit, le 8 juin, l'entrée du détroit de la Sonde et prit dans la nuit son mouillage à Anjer, poussée par un fort grain de N. E., qui couvrait les terres et les navires sous un déluge de pluie. Sa traversée de Saïgon à Anjer avait duré vingt-huit jours.

Partie de Saïgon le 10 avril, *l'Andromaque* avait pris à l'ouest de la grande Natunas et par le détroit de Gaspar.— Elle avait été favorisée jusqu'aux Natunas par des retours de la mousson de N. E. et par des variations de brise qui lui avaient permis d'atteindre le détroit de la Sonde le 29 avril, 19 jours après son départ de Saïgon.

La Vengeance avait fait la même traversée en 17 jours. Du 27 avril, jour de son départ, jusqu'au 9 mai, où elle franchissait le détroit de Gaspar, elle avait trouvé des brises variables du N. N. E. à l'E. S. E, avec des calmes et des orages par intervalles. — Du 10 au 14 mai, jour de son mouillage à Anjer, les brises avaient varié entre le S. E. et le N. O. par le S. O.

Si, au lieu de brises semblables et de continuels orages, *la Forte* avait trouvé des vents frais de S. E., les difficultés de son passage par le détroit de Stoltz n'en auraient pas été plus grandes. Nous pensons donc qu'un bâtiment se rendant dans le S. à contre-mousson doit donner la préférence à ce détroit, à moins que le vent ne soit directement du S., auquel cas il convient, comme nous l'avons dit, de faire route par le passage de Carimata.

Les bâtiments partant des côtes de Chine et se rendant en Europe par le Cap peuvent avoir avantage à contourner Bornéo

dans l'E. ; mais rien de pareil ne doit être conseillé aux navires quittant la Cochinchine, qui, séparés du détroit de la
Sonde par 350 lieues seulement, perdraient beaucoup de
temps à faire un pareil circuit.

Horsburgh, dans ses instructions, ne semble pas admettre
la possibilité pour un bâtiment de remonter dans la mer des
Passages contre le mousson de N., lorsqu'elle est dans toute
sa force.

Peut-être une connaissance plus exacte du temps, dans
ces parages, ferait-elle revenir sur cette opinion trop ab-
solue; en tout cas, un bâtiment à voiles venant d'Europe
pendant l'été boréal et destiné pour la Cochinchine doit
évidemment préférer le détroit de Malacca à celui de la
Sonde.

S'il ne se croit pas en mesure de gagner au vent les 200
lieues qui séparaient Pièdra-Branca du cap Saint-Jacques, il
ne lui reste d'autre ressource que de passer à l'E. de Java, de
Bornéo et de Palawan, pour gagner ensuite la Cochinchine
tribord amures.

OCÉAN INDIEN.

Le mouillage d'Anjer, sur la côte occidentale de Java,
dans le détroit de la Sonde, est très-sûr pendant la mousson
de S. E. Situé sur la route directe de Chine en Europe, il
offre pour le ravitaillement des bâtiments à voiles, de guerre
et de commerce, la relâche la plus avantageuse qu'ils puis-
sent trouver dans ces mers.

Le village d'Anjer, que protége un fortin hollandais,
fournit en effet aux navires des provisions de toute nature. Il possède en outre une aiguade, dans un petit port
bien abrité, accessible à de grosses embarcations, à moins
que le vent ne souffle avec force du large. L'eau y est
bonne et coûte, rendue à bord, deux piastres le tonneau.
On peut même l'obtenir sans frais par les moyens du
bord.

Anjer dépend de la résidence hollandaise de Bantam, la
plus occidentale de l'île de Java, et dont le chef-lieu a été
transporté à Seraing, petite localité salubre, située dans l'intérieur, sur la route d'Anjer à Batavia.

Il existe entre Anjer, Seraing et Batavia, des communications promptes, par une ligne de télégraphie électrique et par un service postal sur une route très-bien entretenue [1].

La côte septentrionale de Java s'encombre de plus en plus de dépôts vaseux, et la rade de Bantam, jadis fréquentée par de grands bâtiments de commerce européens, ne reçoit plus aujourd'hui que de petits caboteurs. Sur les plages à demi noyées qui s'étendent entre cette rade et le détroit de la Sonde, les Hollandais ont établi des salines qui rapportent d'assez beaux revenus. Pendant le séjour de *la Forte* sur la rade d'Anjer, ils en inauguraient de nouvelles qui offraient aussi de grandes chances de succès.

Tandis que la terre s'étend et que les fonds de la mer s'exhaussent par l'effet des dépôts vaseux, sur la côte septentrionale de Java, la ceinture de côtes abruptes qui borde cette île au midi est, au contraire, incessamment rongée par la houle de sud de l'océan Indien.

Le 11 juin, après une relâche de 48 heures, *la Forte* appareilla d'Anjer avec une brise de N. O. variable, pour se rendre à Saint-Denis de la Réunion.

Elle trouva le 12, au large de l'île du Prince, la brise d'E. S. E. bien établie (Bar. 0^m,762, Th. + 29°), et elle gouverna au S. O., c'est-à-dire sur bâbord de la route directe par l'arc de grand cercle, afin de rallier le plus tôt possible les parages où les vents alizés ont toute leur force [2].

---

1. M. le vice-amiral Jurien de la Gravière, dans sa relation du voyage de *la Bayonnaise*, et M. le baron Ch. Dupin, dans un volume de son récent ouvrage sur *les Forces productives des Nations*, ont fait connaître en France à quel haut degré de prospérité et de richesse sont arrivées les colonies Néerlandaises des Indes-Orientales. Mais cette prospérité repose sur un tel asservissement des populations indigènes, qu'on peut douter de sa durée, si le gouvernement hollandais ne prend de bonne heure des mesures pour alléger le joug qu'il fait peser sur ces populations. Ce ne serait pas impunément qu'elles auraient longtemps devant les yeux le spectacle de la liberté dont jouissent à Singapour, sous l'autorité anglaise, toutes les races de l'Asie qui s'y sont donné rendez-vous.

2. M. l'ingénieur hydrographe Keller a reproché aux commandants français de ne pas pratiquer suffisamment la navigation par l'arc de grand cercle dont se préoccupent beaucoup plus, selon cet auteur, les armateurs et les capitaines des bâtiments de commerce anglais et américains, particulièrement de ceux qui font les voyages d'Australie et de Californie.

La vérité est que, dans les zones torrides et dans les parties des zones tempérées que fréquentent nos bâtiments de guerre, le raccourcissement

Le 14, la brise était toujours modérée et variable de l'E. S. E. au N. E. Le 15 et le 16 régnaient des calmes et des orages. Le 17, à midi, par 11° 18 lat. N. et 94° 54' long. E., *la Forte*, gouvernait à l'O. S. O., un peu au sud de la Réunion et trouvait une assez forte houle de sud.

Cette route différait peu de celle suivie par *la Constantine*, commandée par M. de Montravel, en juin 1856 ; et les vitesses moyennes obtenues par cette corvette et par *la Forte* sont à peu près identiques.

Frappé de l'existence d'une forte houle de S. O., bien que les vents fussent au S. E., M. de Montravel attribuait cette houle à la présence de vents de S. O. à peu de distance au large.

Il est hors de doute qu'en effet, pendant l'hiver austral, les vents de S. O. pénètrent parfois assez avant dans la région des vents alizés, avant de prendre la direction du S. E. Mais il est certain aussi que, sans franchir le 30° parallèle sud, ces vents de S. O. produisent habituellement une houle de la même direction, qui s'étend assez loin dans les divers océans de l'hémisphère austral.

C'est cette houle qui ronge et découpe les côtes méridionales de Sumatra et de Java, et en creuse les rades de façon à les rendre peu sûres pour les navires.

Mais revenons à *la Forte* qui, le 17 juin, filait de 10 à 11 nœuds, poussée par une forte brise de S. E., variable au S. S. E. et accompagnée d'une grosse houle de sud. (Bar. 0^m,760, Th. + 27°.)

Jusqu'au 27, jour où elle doubla l'île Rodrigue, cette frégate eut constamment une bonne brise de la même partie, qui l'obligea quelquefois à prendre le second ris aux huniers. Parfois, le vent tournait à l'E. S. E.; plus rarement il passait au S. S. O. Dans l'un et l'autre cas il perdait de sa force. Il

---

de la route, dû à la substitution de l'arc de grand cercle à la ligne loxodromique, est généralement peu considérable, et que la direction à suivre est subordonnée à d'autres considérations plus importantes, parmi lesquelles se place, en première ligne, pour les bâtiments à voiles, la nature des vents qu'ils sont exposés à rencontrer.

Si la navigation par l'arc de grand cercle a fait moins de bruit à **Brest** et à **Toulon** qu'à Liverpool et à New-York, cela tient à ce qu'elle n'offre d'avantages sensibles que sur des parallèles élevés comme ceux coupés par les routes d'Australie et de Californie que fréquentent surtout les navires de commerce anglais et américains.

atteignait au contraire son maximum d'intensité en soufflant du S. E. au S. S. E.

Au delà de Rodrigue il commença à mollir en se fixant à l'E. S. E., direction qu'il conserva pendant tout le séjour de *la Forte* sur la rade de Saint-Denis, où cette frégate mouilla dans la nuit du 29 au 30 juin, dix-huit jours après avoir quitté Anjer. (Bar. 0ᵐ,765, Th.+24°.)

L'Andromaque avait traversé six semaines plus tôt l'océan Indien et n'y avait pas trouvé les vents aussi bien établis. Partie le 29 avril d'Anjer, elle n'avait eu jusqu'au 5 mai que de faibles brises de la partie du N. O. et des calmes. (Bar. de 0ᵐ,754 à 0ᵐ,758, Th. de 26° à 32°.)

Le 6 mai, à midi, elle était encore par 12° 55′ lat. S. et 99° 53′ long. E. Une brise d'E. S. E. succédait au calme et régnait, avec quelques légères variations, jusqu'au 14. (Bar. 0ᵐ,761, Th. + 27°.)

Ce jour-là, *l'Andromaque* étant à midi par 18° 20′ lat. S. et 78° 8′ long. E., le vent commença à haler l'E. et le N. E.

Le temps se fit à grains. Le 15, le vent continua à tourner au N. N. E. et au N. N. O., puis après quelques heures de calme, s'éleva le 16 de l'O. S. O. pour revenir le 18 au S. S. E. par le S. O.

Depuis le 12, il régnait une grosse houle de S. O., et tous les indices d'un cyclone se seraient trouvés réunis, si la brise avait soufflé avec violence et si le baromètre avait subi de plus fortes oscillations; mais après être descendue à 0ᵐ,758 le 17, le vent étant au S. O., la colonne de mercure remonta aussitôt à 0ᵐ,761 en même temps que le vent revint au S. S. E.

L'Andromaque mouilla à Saint-Denis le 23 mai, vingt-cinq jours après son départ d'Anjer.

La Vengeance, partie le 17 mai de ce dernier point, avec une jolie brise de S. S. E., mouilla le 5 juin à Saint-Denis, après dix-neuf jours de traversée. Cette frégate n'éprouva d'interruption marquée dans les vents alizés que du 31 mai au 1ᵉʳ juin, sur le 21ᵉ parallèle sud et vers le 65ᵉ méridien; le vent ayant fait aussi le tour du compas par le nord et l'ouest et amené une demi-journée de pluie. (Bar. 0ᵐ,760, Th. + 25°.)

Les courants observés par les trois frégates entre Anjer et Saint-Denis semblent avoir subi surtout l'influence des moussons et des vents régnants.

En sortant du détroit de la Sonde, à la fin d'avril, *l'Andro-*

maque avait observé pendant plusieurs jours des courants de 30 milles par 24 heures, dirigés au S. S. O. au S. E. et à l'E. S. E.

Les différences entre l'estime et les résultats de l'observation devinrent ensuite irrégulières et beaucoup plus faibles. Cependant la direction du Nord, pour le courant, tendit à prévaloir.

Pendant la même traversée, en mai, *la Vengeance* n'observa que des différences faibles et variables.

Enfin *la Forte*, en juin, trouva les courants portant, en moyenne, au N. O. Ils atteignirent, au maximum, 32 milles en 24 heures, le 20 juin, par 14° lat. S. et 83° long. E., et furent généralement beaucoup moins rapides pendant le reste de la traversée.

La Forte passa neuf jours sur la rade de Saint-Denis pour compléter quatre mois de vivres. Pendant ce temps, le vent souffla toujours de l'E. S. E., à grains, et la mer fut constamment grosse, au point même d'interrompre une fois les communications. C'était cependant la belle saison, et un calme parfait régnait sur la rade de Saint-Paul, abritée par les hautes montagnes de l'île.

Le remous causé dans l'atmosphère par la présence de ces montagnes s'étend ordinairement à une assez grande distance de la Réunion; car *la Forte*, contournant l'île, à 3 ou 4 lieues dans l'O., perdit le vent frais d'E. S. E. avec lequel elle avait appareillé, et trouva une jolie brise de N. O. jusqu'à ce que la pointe méridionale de l'île lui restât au S. E.

Le vent alizé ne paraît donc pas entraîner une couche atmosphérique beaucoup plus élevée que les sommets des montagnes de la Réunion.

Il en serait de même des plus forts ouragans, d'après M. Bridet, que nous avons déjà cité, et dont nous aurons encore occasion de mentionner l'intéressant Mémoire sur les cyclones de l'océan Indien.

La Forte avait quitté Saint-Denis le 8 juillet.

Lorsque, deux années auparavant, nous remontions avec *le Duperré* vers le N. de l'océan Indien, suivant le méridien de Sumatra, nous avions vu le grand courant aérien polaire qui entre dans cet océan, suivant la direction du S. O., tourner graduellement et sans mollir, sur la gauche, au S. E. et même jusqu'à l'E. N. E.

Dans la traversée d'Anjer à la Réunion sur *la Forte*, nous

venions de voir le vent souffler d'abord entre le S. et le S. E. avec une force remarquable qui nous faisait présager de violentes tempêtes au cap de Bonne-Espérance, puis tourner graduellement à l'E. S. E. dans l'O. de Rodrigue.

Le lendemain du départ de *la Forte* de Saint-Denis, le vent alizé continuait, sans mollir beaucoup, son mouvement graduel de rotation, en passant de l'E. S. E. au N. E. et au N. (Bar. 0ᵐ,766, Th. +23⁰).

Il l'achevait le 10, en passant au N. O. et au S. O.[1]. Le temps se faisait à grains, et la frégate, poussée par une jolie brise, continuait à filer de 5 à 7 nœuds au plus près (Bar. 0ᵐ,764, Th. +22⁰).

Ainsi qu'on l'avait observé déjà, dans la partie occidentale de l'océan Atlantique Austral, les vents alizés se transformaient donc encore ici en vents variables, sans calmes et par une simple rotation du vent à la surface de la mer, ou, si l'on veut, par un tourbillon formé sur la gauche du courant aérien alizé et pareil à tous ceux qu'on observe dans l'hémisphère austral[2].

Le 11, une forte houle de O. S. O. commençait à se faire sentir. La brise restait cependant modérée et continuait à tourner du S. O. au S. S. E. Le ciel était nuageux et le baromètre montait à 0ᵐ,770. A ces signes, on pouvait reconnaître la limite et la fin d'un coup de vent de S. O., qui avait soufflé plus près du cap de Bonne-Espérance, dont on était encore éloigné de 600 lieues[3].

Le 12, à midi, *la Forte* étant à 20 lieues dans le S. E. de la pointe de Madagascar, le vent tournait graduellement-jusqu'à l'E. N. E., jolie brise (Bar. 0ᵐ,766, Th. +22⁰). Il revenait le 13 au S. E., et le 14 au S., amenant un brouillard épais et de la pluie (Bar. 0ᵐ,768, Th. +20⁰).

---

1. La carte ci-jointe indiquant les routes des trois frégates à voiles autour du cap de Bonne-Espérance, on s'est dispensé de donner dans le texte les points de ces bâtiments.

2. Les vents dominants à Fort-Dauphin et à la pointe sud de Madagascar sont des vents de N. E. secs, amenant un ciel clair (Horsburgh, *Appendice*, page 109 de la traduction française).

Ce caractère, qui les distingue essentiellement des vents équatoriaux dont ils ont la direction, ne saurait s'expliquer qu'en admettant que ces vents sont réellement les alizés de l'océan Indien commençant leur rotation sur la gauche.

3. Le 10 et le 11 juillet, *la Vengeance*, par 46⁰ lat. S. et 19⁰ long. E., avait des vents frais d'O.

Le 15, à 200 lieues dans l'E. de Port-Natal, après 3 heures de calme, la brise se levait à l'O. et ne tardait pas à fraîchir en halant le N. O. (Bar. 0^m,765, Th. + 19°.)

La frégate, en coupant le 30me parallèle, entrait définitivement dans la région de ces vents généraux, variables du N. O. au S. O., qui, pendant l'hiver austral, atteignent la partie méridionale de la côte d'Afrique, et que *la Forte* allait voir souffler pendant un mois entier, avec de rares interruptions, et souvent avec violence, avant de doubler le cap des Tempêtes.

Douze jours après *la Forte*, appareillait de Saint-Denis le transport à hélice et à deux batteries *l'Entreprenante*, commandé par M. le capitaine de frégate Peyron, à destination de Cherbourg comme la frégate, et qui allait se trouver dans les parages du Cap en même temps qu'elle.

Après avoir été favorisé par des vents variables du N. au S. par l'E., ce Transport se trouvait, le 29 juillet, par 30° 46′ lat. S. et 36° 54′ long. E., un peu plus à l'O. que *la Forte* le 15 du même mois, et rencontrait là, comme cette frégate, les vents généraux d'ouest.

Entre la Réunion et le 30me parallèle, *la Forte* et *l'Entreprenante*, passant à plus de 20 lieues au large de Madagascar, ne trouvèrent que des courants faibles et variables, portant le plus souvent au S. E. et à l'E.

L'Andromaque avait quitté Saint-Denis dès le 28 mai; *la Vengeance* et le Transport à hélice *le Rhin*, commandé par M. le capitaine de frégate Aiguier, le 15 juin. Mais une grave avarie du gouvernail, qui attendait la première frégate sur le banc des Aiguilles, devait la retenir plusieurs semaines au mouillage de la baie d'Algoa et ne lui permettre de doubler le Cap qu'à la même époque, à peu près, que *la Vengeance* et *le Rhin*.

La navigation de *l'Andromaque*, de Saint-Denis au 30me parallèle, n'offrit rien de remarquable. Elle fut contrariée d'abord par de petites brises variables du S. à l'O., qui conduisirent cette frégate, le 2 juin, à environ 12 lieues de *Fort-Dauphin*, à la pointe S. E. de Madagascar.

Jusqu'au 1er juin, les courants avaient été variables et faibles; mais du 1er au 4, à moins de 20 lieues de la côte de Madagascar, ils portèrent la frégate d'un mille à l'heure au S. O. en moyenne; après quoi les différences entre les résultats de l'estime et ceux des observations cessèrent d'accuser une direction précise des courants.

Le 4, une brise modérée soufflait de l'O. Elle hala le S. O. en mollissant, et tourna au N. par le S. et l'E. le 9, jour où *l'Andromaque* coupa le 30ᵐᵉ parallèle, par 37° 30′ long. E.

Jusque-là, cette frégate n'avait trouvé que du beau temps. La saison était plus avancée lorsque *la Vengeance* et *le Rhin* quittèrent Saint-Denis. Néanmoins ces deux derniers bâtiments trouvèrent encore des brises modérées et variables jusqu'au 30 juin, jour où ils coupèrent aussi le 30ᵐᵉ parallèle, *la Vengeance* par 44° 30′ long. E., et *le Rhin* par 42° 35′ long. E.

La Vengeance avait passé à environ 20 lieues de la pointe S. E. de Madagascar sans éprouver de courant sensible.

PASSAGE DU CAP DE BONNE-ESPÉRANCE.

Aucun marin n'ignore l'existence, à la pointe S. de l'Afrique, du banc des Aiguilles, qui forme sous l'eau le prolongement de ce continent, ainsi que du courant du même nom, qui déverse, suivant la direction du N. E. au S. O., les eaux de l'océan Indien dans l'océan Atlantique Austral.

Lorsque, pendant l'hiver austral, la limite des vents généraux d'O., suivant le mouvement en déclinaison du soleil, vient atteindre le continent de l'Afrique, l'action opposée de ces vents et des courants sur le banc des Aiguilles, donne naissance à une mer toujours grosse et parfois monstrueuse, qui forme une des principales difficultés du passage du Cap, de l'E. à l'O., dans cette saison.

Le navigateur qui doit effectuer ce passage pour la première fois, et qui consulte les instructions nautiques publiées sur ce sujet, se trouve assez embarrassé.

Horsburgh lui dit qu'en se tenant près de terre il trouvera la mer plus belle, mais aussi le courant moins fort en sa faveur, et qu'il courra le risque de faire côte dans une saute de vent ou par suite d'erreurs d'estime; qu'en se tenant sur le banc même où le courant est plus rapide son bâtiment aura à souffrir d'une mer très-dure; enfin qu'en s'éloignant du banc des Aiguilles à une trop grande distance, dans le sud, il sera exposé à rencontrer de violentes tempêtes qui pourront lui causer de graves avaries.

Horsburgh conclut en conseillant au navigateur de se tenir à une courte distance de l'accore extérieure du banc des

Aiguilles pour éviter à la fois la grosse mer du banc et les tempêtes du large, et pour profiter de toute la vitesse du courant ; mais ce conseil, qui serait facile à suivre avec un vent favorable, est d'une exécution impraticable avec un vent contraire et du mauvais temps ; attendu qu'un bâtiment exposé à recevoir, à la cape, des grains violents et des sautes de vent, ne peut s'astreindre à limiter ses bordées dans une zone étroite. Si d'ailleurs le courant acquiert son maximum de vitesse dans cette zone, il s'ensuit que la mer doit y être encore très-mauvaise.

Loin de partager l'opinion d'Horsburgh sur le danger de trop s'éloigner dans le S. du banc des Aiguilles, M. Bridet, dans son Mémoire déjà cité, émet l'opinion que le passage du cap de Bonne-Espérance, de l'E. à l'O., en hiver, s'effectuerait plus rapidement et plus sûrement en naviguant entre le 45ᵉ et le 50ᵉ parallèle, qu'en se tenant dans le voisinage du 35ᵉ pour profiter du courant des Aiguilles.

Sans discuter encore cette dernière opinion, exposons les considérations sur lesquelles elle est fondée.

On sait que les coups de vent d'hiver, autour de la pointe méridionale du continent d'Afrique, sont généralement précédés par des vents de l'E. au N. E. ou au N., soufflant pendant un temps très-court et sautant ensuite au N. O.

Après que le coup de vent a soufflé plusieurs jours avec violence du N. O. à l'O. S. O., oscillant entre ces deux rhumbs, il mollit en halant le S. et vient généralement mourir à l'E. du S. pour recommencer, après quelques heures de calme, la même évolution giratoire.

M. Bridet a cru voir dans cette rotation des vents les caractères des cyclones, et a expliqué leur existence, en hiver dans ces parages, de la manière suivante : (Pages 140 et 160 du Mémoire de M. Bridet.)

Des cyclones prendraient naissance en toute saison dans les parages de l'océan Indien situés vers le 5ᵉ parallèle S.; mais pendant l'hiver austral où les vents alizés de S. E. ont leur plus grande force, ces cyclones ne se formeraient que dans les régions supérieures et calmes de l'air.

Ils décriraient, à une grande hauteur dans l'atmosphère, la première branche de leur parabole et descendraient à la surface du globe entre le 30ᵉ et le 35ᵉ parallèle S., vers la limite méridionale des vents alizés pour décrire la seconde branche de cette parabole. Ces cyclones tourneraient de gauche à droite comme tous ceux de l'hémisphère austral, mais avec une vitesse angulaire moindre que les cyclones de la zone torride. Leur centre, animé d'une vitesse de translation d'environ 22 milles à l'heure, plus grande, au contraire, que celle des ouragans des tropiques, se dirigerait de l'O. N. O à l'E. S. E. environ, dans les parages du Cap et entre le 35e et le 40e parallèle dans l'océan Indien, laissant sur sa gauche, au N., le demi-cercle dangereux, et sur sa droite, au S., le demi-cercle maniable du cyclone.

Ces hypothèses admises, M. Bridet en conclut naturellement que la manœuvre à faire pour passer le cap de Bonne-Espérance, dans la mauvaise saison, doit être conforme aux règles suivies pour éviter les cyclones de l'hémisphère austral, règles qu'il expose avec beaucoup de clarté et de précision dans son intéressant Mémoire.

Si, pour profiter du courant des Aiguilles, l'on ne craint pas de faire route dans le demi-cercle dangereux, il faut, suivant l'ancienne pratique des Hollandais, prendre la cape bâbord amures lorsque le temps devient menaçant. Aussi M. Bridet conseille-t-il de se tenir à 40 ou 50 milles de la côte, afin de pouvoir, le cas échéant, tenir longtemps la bordée de bâbord amures.

Mais il est beaucoup plus sage, toujours dans l'hypothèse de M. Bridet, d'éviter le demi-cercle dangereux, dans lequel les vitesses de translation et de rotation sont dirigées dans le même sens, et de faire sa route dans le demi-cercle maniable où ces vitesses sont opposées de direction et où l'on doit même trouver, à une distance convenable du centre, un vent d'E. modéré, résultant de l'excès de la vitesse de rotation sur celle de translation.

Aussi M. Bridet émet-il l'opinion qu'il y aurait avantage à opérer le passage du Cap, en hiver, entre le 45e et le 50e parallèle.

Pour vérifier l'exactitude des règles posées par Horsburgh et des hypothèses de M. Bridet, nous allons continuer à rendre compte des circonstances de la navigation de *la Forte* et des autres bâtiments de l'expédition de Chine, qui, comme cette frégate, ont doublé le cap de Bonne-Espérance pendant l'hiver austral de 1862, non moins remarquable par la violence de ses mauvais temps que l'automne de 1862 et l'hiver de 1863 dans les mers d'Europe.

Notre première pensée, en quittant la Réunion, avec *la Forte*,

fut de mettre en pratique le conseil donné par M. Bridet et
de faire route pour chercher sous des latitudes élevées les
vents d'E. qu'on y trouve quelquefois en hiver, ainsi qu'au
large du cap Horn.

Nous ne pouvions songer à aller jusqu'au 50ᵉ parallèle
avec un équipage à peine échappé à l'influence des chaleurs
excessives de Shang-Haï et des maladies qu'elles occasion-
nent; mais nous comptions nous maintenir au moins entre
le 40ᵉ et le 45ᵉ parallèle, dans le demi-cercle maniable, suivant M. Bridet.

Dans ce but, profitant d'une belle brise du N. O., nous
continuâmes le 16 juillet[1], après avoir coupé le 30ᵉ parallèle,
à gouverner au S. O. contre une forte houle de ce dernier
rhumb, indice précurseur des vents violents de cette partie
qui attendaient plus loin la frégate. En effet, le vent ne tarda
pas à tourner au S. O. grand frais, et la mer à grossir rapidement.

Dans l'impossibilité de faire route directe avec ces vents
pour gagner le 40ᵉ parallèle, le plan primitif suggéré par
M. Bridet devenait impraticable.

Il ne restait plus qu'à choisir entre les deux bordées opposées, celle de tribord amures, qui ramenait dans l'E. sans
qu'on pût faire beaucoup de S., et celle de bâbord amures,
qui, au contraire, offrait l'avantage de rapprocher du cap de
Bonne-Espérance, que *la Forte* avait à doubler.

Nous prîmes donc cette dernière bordée, en cape courante,
sous les deux huniers au bas ris et les voiles goëlettes, avec
l'intention de tirer parti de toutes les variations du vent, du
S. O. au N. O., pour courir les bordées rapprochant le plus
du banc des Aiguilles.

Ici se présentait une question importante. Le coup de vent
qu'essuyait *la Forte* était-il un cyclone ou simplement un
vent tournant comme ceux qu'on observe dans les deux hé-
misphères entre les vents alizés et les vents généraux d'O.?

La route à suivre et la manœuvre à faire ultérieurement
devaient dépendre de la réponse à cette question que les
observations barométriques ne tardèrent pas à nous donner.

En effet, il est à remarquer que les variations de hauteur
de la colonne barométrique suivent des lois très-différentes,

---

1. Voir la carte pour les positions successives de la frégate.

suivant que le vent qui souffle est un cyclone proprement dit
ou l'un de ces vents tournants, de ces tourbillons dont nous
avons parlé à diverses reprises. Dans le premier cas, quelle
que soit la direction du vent par rapport au méridien, le
baromètre baisse quand la distance au centre du cyclone
diminue, et que, par conséquent, la force du vent augmente;
le baromètre monte lorsque cette distance augmente, et que,
par conséquent, la force du vent diminue. Dans le second cas,
généralement le baromètre monte quand le vent souffle du
pôle, et descend lorsqu'il souffle de l'équateur; et ses oscillations sont moins influencées par la force que par la direction de la brise.

En appliquant cette remarque aux coups de vent du Cap,
il est facile de reconnaître qu'aucun de ceux observés par
les bâtiments de l'expédition de Chine, à leur retour, n'offre
les caractères d'un cyclone.

Ainsi pour *la Forte*, le 16 juillet à 4 heures du soir, le baromètre avait atteint son minimum 0^m,755, après douze heures d'une belle brise de N. N. O. qui varia le 17 au O. N. O.
et à l'O. S. O. en fraîchissant graduellement, tandis que le
baromètre remontait à 0^m,762.

Le 18, vers 4 heures du matin[1], le coup de vent avait
acquis son maximum de force au S. O., et le baromètre avait
atteint 0^m,764. Il continua à s'élever jusqu'à 0^m,772, tandis que le vent mollissait un peu, en conservant la direction
du S. O.

A ces caractères, il était facile de reconnaître que le coup
de vent essuyé par *la Forte*, du 16 au 18 juillet, n'était pas
un cyclone, mais un vent tournant, pareil à ceux des régions tempérées. Cette considération nous décidait à per-
sévérer, de plein gré, dans la résolution de gagner en louvoyant le banc des Aiguilles, que la direction contraire du
vent nous avait d'abord imposée.

Après quelques heures de calme, le 19, la brise se leva encore au N. N. O. Elle soufflait le lendemain bonne brise,
amenant des grains et de la pluie (Bar. 0^m,760) et sautait
brusquement au S. O. le 21 (Bar. 0^m,768 Th. + 17°), obligeant

---

1. En ce moment apparut un météore lumineux ayant près de la moitié
du diamètre apparent de la lune et qui se brisa en éclats après avoir, pendant environ huit secondes, suivi la direction du N. au S. et illuminé
tout l'horizon.

la Forte à prendre la cape bâbord amures sous le grand hunier au bas ris.

Le 22, le calme se faisait de nouveau pendant quelques heures. Le baromètre, qui avait atteint $0^m,770$, commençait à baisser aux premiers souffles d'une brise naissante de N.

Le 23, le vent soufflait grand frais et tournait à l'O. S. O. Des éclairs se montraient dans cette partie et le baromètre descendait à $0^m,763$.

Le 24, la frégate recevait des grains de la force de tempête, dont l'un déchirait son grand hunier à trois ris. Elle fatiguait beaucoup dans les roulis occasionnés par une très-grosse mer. Le vent tournait au S. O. toujours frais et le baromètre remontait à $0^m,773$.

Le 25, le vent mollissait et remontait au N. en même temps que le baromètre descendait lentement à $0^m,767$ (Th. $+ 18^o$).

Le 26, la brise jouait du N. à l'O. N. O. Après quelques heures de calme elle reprenait à l'E. N. E. pour revenir au N.

La frégate gouvernait à l'O., pour aller reconnaître la côte d'Afrique, dans les environs de la baie d'Algoa (Bar. $0^m,760$, Th. $+ 18^o$).

Le 27, le temps était clair et le vent continuait à tourner par l'O. jusqu'au S. O.

La Forte prenait bâbord amures et allait virer de bord le soir, en vue et à quelques milles du cap Padrone (Bar. $0^m,758$, Th. $+ 17^o$).

Le courant commençait à se faire sentir; il portait la frégate de 27 milles au S. 17^o0 en 24 heures. On observait, à quelques lieues au large du cap, des remous extrêmement marqués. Des éclairs, dans le S. O., présageaient le mauvais temps, qui ne tarda pas en effet à se déclarer, bien que le baromètre se maintint à $0^m,760$.

Dans la nuit, le vent remonta au N. O. en fraîchissant, et la mer se fit subitement très-grosse. Après avoir couru 36 milles au large, la frégate mit à la cape bâbord amures sous le grand hunier au bas ris.

Le 28, le vent oscilla entre l'O. et le S. O., soufflant avec une intensité variable. Nous nous efforçâmes, en faisant de la toile pendant les accalmies et en courant les bordées convenables, de maintenir la frégate, suivant les instructions d'Horsburgh, à l'accore extérieur du banc, où nous trouvâmes en effet un courant favorable très-rapide qui porta la frégate de 55 milles au S. 54°0 en 24 heures. La mer était toujours grosse.

Le 29, la brise avait molli en halant le N. N. O. Le ciel était clair, dans le N., mais fortement chargé dans le S. et le S. O. où brillaient des éclairs. Vers midi, le baromètre ayant brusquement baissé à 0^m,755 (Th. + 16°) un coup de vent violent de l'O. N. O. se déclara et souffla bientôt en tempête. A 11 heures du soir, *la Forte* prenait bâbord amures et serrait son grand hunier. Le courant l'avait porté de 76 milles au S. 86°0 en 24 heures; mais la mer était extrêmement mauvaise et les roulis devenaient d'une grande vivacité.

A 260 lieues dans l'E. N. E. de *La Forte*, le 29 juillet[1], *l'Entreprenante* n'éprouvait que le lendemain matin le même coup de vent qui souffla pour ce dernier bâtiment, dans la direction de l'O. S. O.

Le tableau n° 1, donne en regard pour les mêmes jours, à partir du 29 juillet, les observations météréologiques faites à bord de *la Forte* et de *l'Entreprenante*, ainsi que les positions de ces bâtiments qui tendaient à se rapprocher en raison de l'avantage de marche que donnait au dernier l'usage accidentel de sa machine.

---

1. Le même jour un violent typhon causait les plus grands désastres à Canton.

TABLEAU N° 1.

Extraits des journaux météréologiques de la FORTE et de L'ENTREPRENANTE.
(JUILLET ET AOUT[1]).

DATES.	FORTE LAT. S.	LONG. E.	VENT Direction.	Force.	BAROM.	THERM.	TEMPS.	ENTREPRENANTE LAT. S.	LONG. E.	VENT Direction.	Force.	BAROM.	THERM.	TEMPS.
29 midi.	35° 7'	22°27	ONO	8	761	17°	A grains.	30° 46'	35° 54'	calme	0	759	o	
8 h.s.			ONO	10	756	16	Id.							
4 h.m.			SO	11	757	12	Tempête.			NNO	5			
30 midi.	35 5	21 34	O	11	762	15	Id.	30 56	34 24	OSO	11	763	18	
8 h.s.			OSO	11	763	15	Id.			SO	11			
4 h.m.			O	11	759	15	Id.			SSO	7			
31 midi.	34 45	22 21	O	10	762	16	A grains.	29 46	33 48	NNO	5	758	18	
8 h.s.			ONO	9	759	15	Clair.			NO	5			
4 h.m.			ONO	11	759	16	Coup de vent			NO	3			
1 midi.	34 58	23 3	ONO	11	762	16	Id.	30 56	32 33	ONO	5	761	20	
8 h.s.			ONO	11	759	16	Id.			SO	5			
4 h.m.			NO	7	763	16	Clair.			OSO	3			
2 midi.	35 13	22 46	ONO	9	765	15	Couvert.	31 25	31 14	N	3	764	20	
8 h.s.			ONO	9	767	15	Clair.			NNE	3			
4 h.m.			ONO	3	769	15	Nuageux.			SO	3			
3 midi.	36 0	22 30	NNO	5	765	17	Très-beau.	31 47	28 39	ESE	3	764	20	
8 h.s.			N	3	766	17	Id.			ENE	5			
4 h.m.			ONO	3	763	15	Id.			NE	7			
4 midi.	35 53	21 11	ONO	7	760	17	Beau.	33 45	25 41	NO	3	759	20	Mer clapoteuse près d'Algoa.
8 h.s.			O	9	761	15	Id.			SO	5			
4 h.m.			ONO	9	761	14	Couvert.			ONO	5			
5 midi.	35 26	20 44	NO	10	760	16	A grains.	34 54	23 23	ONG	5	759	19	
8 h.s.			O	10	760	15	Id.			O	7			
4 h.m.			O	10	760	14	Pluv. à gr.			O	11			
6 midi.	36 5	20 21	OSO	11	764	15	Id.	34 52	22 12	O	11	759	18	Grains très-violents.
8 h.s.			SO	8	764	14	Couvert.			OSO	8			
4 h.m.			calme.	0	760	14	Bru. et pluv.			calme	0			
7 midi.	35 46	19 42	ESE	3	757	13	Id.	35 6	20 26	NO	3	757	18	Mer très-grosse.
8 h.s.			ESE	5	757	13	Id.			OSO	3			Coup de vent
4 h.m.			N	9	757	13	Pluvieux.			NNO	11			Id.
8 midi.	37 3	17 25	NO	8	754	15	A grains.	36 49	19 23	NNO	11	751	16	
8 h.s.			NO	9	751	13	Id.			ONO	9			
4 h.m.			NO	11	749	11	Coup de vent			ONO	11			
9 midi.	37 55	17 4	O	11	752	12	Id.	36 35	20 30	ONO	11	750	15	Tempête
8 h.s.			OSO	11	755	9	Id.			ONO	11			Coup de vent
4 h.m.			O	11	756	8	Id.			ONO	11			Tempête.
10 midi.	37 25	17 54	O	11	762	11	Id.	36 24	20 49	O	11	761	13	Coup de vent
8 h.s.			O	10	765	10	Nuageux.			O	11			Id.
4 h.m.			OSO	9	769	18	Id.			O	10			Grand frais.
11 midi.	36 57	18 56	SO	5	772	14	Beau.	35 49	21 25	SO	5	766	14	Id.
8 h.s.			ESE	2	771	12	Id			SSE	3			
4 h.m.			E	4	767	12	Nuageux.			NE	5			
12 midi.	35 29	16 19	NNE	7	763	15	Très-beau.	35 18	18 19	NE	5	761	15	
8 h.s.			NNO	5	763	14	Couvert.			NNO	5			
4 h.m.			NNO	9	763	15	Nuageux.			NO	9			
13 midi.	35 30	14 48	O	9	764	13	Pluv. à gr.	35 44	17 10	ONO	10	761	14	Grand frais.
8 h.s.			OSO	3	767	12	Brumeux.			OSO	5			
4 h.m.			O	3	767	12	Clair.			ONO	3			
14 midi.	35 12	14 10	NO	4	765	15	Id.	34 52	16 41	NO	3	762	15	
8 h.s.			NO	7	768	13	Nuageux.			NO	3			
4 h.m.			NO	7	761	14	Couvert.			NNO	3			
15 midi.	34 34	14 22	NNO	8	762	14	Id.	34 33	16 11	NO	7	757	14	
8 h.s.			O	11	763	14	A grains			NO	11			Coup de vent
4 h.m.			OSO	10	764	12	Id.			O	8			
16 midi.	33 48	14 5	SO	9	769	12	Id.	34 57	16 45	SO	7			
8 h.s.			SO	8	770	13	Id.			SO	5			
4 h.m.			SSO	6	772	12	Nuageux.			ONO	5			
17 midi.	32 11	32 2	SSE	5	772	13	Grainasses.	à Simon's Bay		ONO	5	767	13	

1. Les aires des vents sont corrigées partout de la variation.

On voit par ce tableau que *l'Entreprenante* ne descendit pas plus bas que 36°49' lat. S.

Le 30, la tempête soufflait, pour *la Forte*, entre l'O. et le S. O., accompagnée de grains d'une extrême violence. La mer était démontée. Les canots de sous le vent étaient écrasés dans l'immersion du côté de tribord de la frégate.

A 70 milles de terre, à midi, *la Forte* avait été portée de 76 milles au S. 86°0 en 24 heures. Le 31 elle prenait tribord amures, en raison du voisinage de la côte. Le vent mollissait en halant le N. O.; mais la mer était toujours grosse du S. O.

Le 2 août, soufflait encore pour *la Forte* un coup de vent d'O. N. O; tandis que *l'Entreprenante*, à 120 lieues dans l'E. N. E. et à 20 lieues de la côte de Natal, éprouvait, dès le 31 juillet, le retour du beau temps.

Le courant avait sensiblement diminué de force pour la frégate, qui n'avait été portée en trois jours que de 57 milles au N. 73°0. Il avait même entièrement cessé le 3, après le coup de vent.

La Forte, à 40 lieues de terre, faisait route alors vers l'O., avec une petite brise de N. N. O., contre une forte houle; tandis que *l'Entreprenante* percevait une rotation des vents du S. O. au N. E. par le S. E. Le lendemain 4, ce dernier bâtiment, à 20 lieues dans l'E. du cap Padrone, trouvait une jolie brise de N. O. et commençait à sentir un courant, portant de 20 milles au S. O. en 24 heures; tandis qu'un coup de vent de O. N. O. se déclarait pour *la Forte*. Le 5, ce coup de vent était dans toute sa force pour la frégate, et *l'Entreprenante*, à cent milles environ dans l'E. N. E., commençait à le ressentir.

Le 6, les deux bâtiments essuyaient un même coup de vent d'O. tournant au S. O. et suivi de calme avec un temps brumeux et pluvieux; mais le 7, la brise reprenait à l'E. S. E. pour *la Forte* et tournait, en fraîchissant, au N. O. par le N., tandis que pour *l'Entreprenante* elle se levait au N. O., passait à l'O. S. O., et se fixait bientôt au N. N. O. en coup de vent, jusqu'au 10. Pendant cette période du 6 au 10, le vent souffla à peu près de la même direction pour *la Forte* que pour *l'Entreprenante*; mais il semble qu'il fut plus violent pour ce dernier navire, qui perdit son grand hunier et son petit foc, et eut ses embarcations brisées par la mer.

Dans ce coup de vent le baromètre était descendu très-bas,

à 0^m,748 pour *l'Entreprenante* et à 0^m, 749 pour *la Forte*, le 9 au matin. Il avait remonté graduellement, à mesure que le vent avait tourné à l'O. S. O., sans mollir. On ne pouvait donc, encore ici, confondre ce coup de vent, malgré sa violence, avec un cyclone.

Le 10, le vent commença à mollir pour *la Forte*, qui se trouvait alors à 20 lieues au large de l'accore S. O. du banc des Aiguilles et n'y observait pas de courant sensible. La mer ne cessait pas cependant d'être très-grosse et la frégate, en roulant, engageait sous l'eau son fanal-phare de sous le vent, placé à l'extrémité d'un bossoir d'embarcation de côté.

Des précautions extraordinaires avaient été prises pour la tenue de la mâture.

Le 11, le vent mollit pour les deux bâtiments, en passant au S. O. Il tourna le lendemain au N. E. par le S. E. et, continuant sa rotation par le N. O., vint souffler grand frais de la partie de l'O. le 13, et forcer les deux bâtiments à mettre à la cape.

Le 14, le vent redevenu modéré reprit du N. O., d'abord pour *la Forte* et plus tard pour *l'Entreprenante*, qui cherchait alors à gagner *Simon's bay* et qui le 15, fut rejetée au large par un coup de vent de N. O. tournant à l'O. *La Forte* essuya aussi ce coup de vent; mais elle put profiter de ses dernières variations pour doubler le Cap, le 16, à environ 30 lieues au large; tandis que *l'Entreprenante*, serrée contre la terre, ne put atteindre Simon's bay que le 17.

Parlons maintenant de la navigation de *l'Andromaque*, de *la Vengeance* et du *Rhin*, dans ces mêmes parages que ces bâtiments traversèrent ensemble, à peu près un mois avant *la Forte* et *l'Entreprenante*.

Du 9 au 14 juin, des brises modérées et variables, généralement du S. O., retinrent *l'Andromaque* dans le voisinage du 30me parallèle et l'amenèrent à environ 20 lieues de Port-Natal, où les vents s'étant rapprochés du N. O. en fraîchissant, lui permirent de prolonger la côte d'Afrique, tribord amures.

Jusqu'au 14, les directions des courants avaient beaucoup varié. Le 12, on observait une différence de 35 milles au N. 6° O en 24 heures. Mais, du 14 au 18, le courant portant au S. O. devint très-sensible. Il fut de 58 milles en 24 heures, le 15, à 10 lieues de la terre et diminua ensuite graduellement de vitesse à mesure que la frégate contrariée par des vents de N. O. s'en éloigna (Bar. 0^m,755, Th. + 22°).

Le 17, *l'Andromaque*, arrivée sur l'accore orientale du banc des Aiguilles, y recevait tribord amures, un violent coup de vent d'O. N. O., accompagné d'une mer très-grosse (Bar. 0ᵐ,749, Th. + 17°).

Le 18, les ferrures déjà avariées de son gouvernail cassaient et le gouvernail lui-même était enlevé par la mer.

Le 19, dans une accalmie, un gouvernail de fortune était installé, après les plus pénibles efforts ; il servait le 22 (Bar. 0ᵐ,755, Th. + 17°), à gagner, en louvoyant contre le vent de N. O., le mouillage de Port-Élisabeth, dans la baie d'Algoa, où un gouvernail de rechange était promptement mis à la place de celui qui avait été emporté.

Le même jour, à 370 lieues plus à l'E., *la Vengeance*, favorisée par des vents de N. E., succédant à une série de vents d'O. modérés, se dirigeait vers le banc des Aiguilles (Bar. 0ᵐ,760, Th. + 18°). — Elle trouvait le 23, une forte brise variable du N. N. O. à l'O. S. O., tournant, au S. O. le 25 et, après quelques heures de calme, se levant au N. le 26 pour retourner au N. N. O. et à l'O. le 28. — Elle était amenée par ces vents contraires à suivre le conseil de M. Bridet en prolongeant dans le S. sa bordée de tribord amures jusqu'au delà du 45ᵉ parallèle.

Le Rhin éprouvait, à peu près, les mêmes variations de vent que *la Vengeance ;* mais, sa machine lui permettant de s'élever au vent, il gagnait en longitude sans descendre dans le sud et se trouvait le 1ᵉʳ juillet par 31° 30′ lat. S, et 34° 48′ long. O. avec un vent frais de S. O. (Bar. 0ᵐ,760, Th. + 20°).

Le tableau n° 2 (page 502) donne les extraits des journaux météréologiques de *l'Andromaque*[1], de *la Vengeance* et du *Rhin*, depuis le 1ᵉʳ jusqu'au 17 juillet, jour où tous ces bâtiments se trouvaient de l'autre côté du Cap, dans les vents alizés de S. E.

L'Andromaque quitta la baie d'Algoa le 7 juillet après avoir effectué sa réparation.

La Vengeance se trouvait alors à 230 lieues dans le S., après avoir éprouvé le 1ᵉʳ juillet un coup de vent d'O. S. O. suivi de brises variables et modérées de l'O. au N. N. O.

---

1. Les chiffres indiquant la force du vent dans le journal de *l'Andromaque* sont évidemment trop faibles et doivent être augmentés de deux ou trois unités pour correspondre aux indications contenues dans les rapports de mer de M. Letourneur.

Le même jour, 7 juillet, *le Rhin* n'était plus qu'à 63 lieues dans l'E. du cap des Aiguilles et à 16 lieues de la côte d'Afrique le long de laquelle il faisait bonne route avec sa machine et l'aide du courant. Ce bâtiment n'avait rencontré que des brises maniables qui avaient plutôt favorisé que retardé sa marche. Le 10, il doublait le cap de Bonne-Espérance et se dirigeait vers Sainte-Hélène sans rencontrer d'autre obstacle qu'un vent frais de N. O. soufflant pendant une partie de la journée du 11.

Du 7 au 11 juillet, *la Vengeance* et *l'Andromaque* firent à peu près la même route avec des vents peu différents. Le 11, les deux bâtiments, à 220 lieues de distance, prirent ensemble la bordée de bâbord amures avec des vents frais d'O. pour le premier et d'O. N. O. pour le second. Mais *la Vengeance*, beaucoup plus au large et favorisée par un vent dépendant davantage du S., put continuer cette bordée, de plus en plus avantageuse à mesure que le vent lui adonnait, tandis que *l'Andromaque* fut obligée de virer le 12 et de lutter péniblement contre les vents contraires jusqu'au 15, jour où le vent sautant brusquement du N. O.[1] au S. S. O. lui permit enfin de s'élever dans le N., et de doubler le Cap, en même temps, mais beaucoup plus à terre que *la Vengeance.*

Terminons ces renseignements sur les temps d'hiver dans les parages du cap de Bonne-Espérance en disant que *le Rhône*, commandé par M. le capitaine de frégate Picard, parti de Maurice le 20 septembre, trouva encore le 29 de ce mois, par 30°56′ lat. S. et 34°0′ long. E. une brise d'O. soufflant un instant en coup de vent.

Le Rhône, comme *le Rhin*, fit route à la vapeur, en vue de terre. Le 30, il avait une jolie brise de N. N. E. suivie de vents frais d'O., le 2 octobre, et de brises modérées les jours suivants. Le 6, le Cap était doublé et *le Rhône* remontait le long de la côte d'Afrique.

---

1. Cette saute de vent relatée dans le rapport du commandant de *l'Andromaque* n'atteignit pas *la Vengeance*. Elle eut lieu à la pointe du jour. *Le Rhin*, alors à cent cinquante lieues dans le nord de *l'Andromaque*, l'éprouva seulement vers quatre heures du soir le même jour.

Pour chacun des bâtiments le baromètre avait baissé jusqu'au moment de la saute de vent et avait remonté aussitôt après.

TABLEAU N° 2.

DATES. Juillet.	LAT. S.	LONG. E.	VENT. Direc- tion.	Force.	BAROMÈTRE.	THERMOMÈTRE.	TEMPS.	LAT. S.	LON E
1 midi.........	33°46'	23°22'	ONO	5	760	17°	Beau.	40° 5'	34
8 h. s.........			O	5	761	16	Id.		
4 h. m........	au mouillage		NNO	1	761	13	Id.		
2 midi.........	de Port Elisabeth		N	1	762	19	Très-beau.	40 6	34
8 h. s.........	dans la		NNE	1	762	21	Beau.		
4 h. m........	baie d'Algoa		NNE	1	762	11	Id.		
3 midi.........			NNE	1	760	22	Très-beau.	41 40	33
8 h. s.........			Calme.	0	760	20	·Id.		
4 h. m........			Calme.	0	759	13	Id.		
4 midi.........			Calme.	0	758	23	Beau.	43 53	29
8 h. s.........			S	2	757	16	Couvert.		
4 h. m........			NNO	2	757	14	Beau.		
5 midi.........			OSO	2	758	19	Id.	44 50	27
8 h. s.........			O	2	760	16	Id.		
4 h. m........			OSO	5	763	11	Id.		
6 midi.........			O	4	764	13	Couvert.	45 20	27
8 h. s.........	Point de départ		O	4	764	13	Nuageux.		
4 h. m........	à 4 h. 50 m. du s.		NNE	1	763	12	Beau.		
7 midi.........	34° 8'	23°21'	NNE	1	762	15	Id.	45 6	27
8 h. s.........			N	1	761	15	Id.		
4 h. m........			OSO	4	761	16	Id.		
8 midi.........	35 23	23 0	ONO	5	763	19	Id.	45 50	25
8 h. s.........			O		765	18	Très-beau.		
4 h. m........			ONO	2	764	18	Id.		
9 midi.........	35 38	21 40	NNO	2	764	26	Id.	45 38	23
8 h. s.........			NNE	2	762	20	Beau.		
4 h. m........			NNE	5	760	17	Couvert.		
10 midi.........	36 7	18 44	ONO	2	760	17	Beau.	46 9	18
8 h. s.........			ONO		758	17	Couvert.		
4 h. m........			NO	7	755	17	A grains.		
11 midi.........	36 10	17 47	NO	7	757	19	Id.	46 20	18
8 h. s.........			ONO	7	756	15	Id.		
4 h. m........			OSO	8	757	15	Id.		
12 midi.........	35 0	17 39	OSO	8	761	14	Nuageux.	45 5	18
8 h. s.........			ONO	5	760	13	A grains.		
4 h. m........			NO		754	18	Id.		
13 midi.........	36 18	17 3	NO	8	754	15	Id.	43 8	18
8 h. s.........			OSO	5	758	13	Id.		
4 h. m........			OSO	4	759	12	Id.		
14 midi.........	35 44	16 51	ONO	4	759	14	Id.	40 35	16
8 h. s.........			NO	5	757	15	Id.		
4 h. m........			NO	6	752	14	Id.		
15 midi.........	35 50	15 28	SSO		754	10	Id.	38 6	13
8 h. s.........			SSO	5	756	10	Id.		
4 h. m........			SO	5	756	10	Id.		
16 midi.........	32 45	12 38	SO	5	760	13	Id.	35 24	10
8 h. s.........			SSE	4	762	11	Id.		
4 h. m........			SSE		762	12	Nuageux.		
17 midi.........	28 52	10 54	SE	6	763	17	Id.	32 45	7

ÉTÉRÉOLOGIQUES

...NGEANCE et du RHIN.

...ANCE.					LAT.	LONG.	RHIN.				
VENT.		BAROMÈTRE.	THERMOMÈTRE.	TEMPS.	S.	E.	VENT.		BAROMÈTRE.	THERMOMÈTRE.	TEMPS.
Direction.	Force.						Direction.	Force.			
SO	11	747	10°	A grains.	31°30'	34 48	SO	9	760	20°	Nuageux.
O	9	754		Id.			SSO	9	765	19	Id.
O	8	758	16	Id.			SSO	1	765	19	Id.
O	7	760	16	Id.	31 17	34 1	Calme.	0	767	19	Id.
NO	6	761		Id.			Calme.	0	767	20	Id.
O	5	763	10	Beau.			NNE	5	769	19	Id.
O	7	760	12	Brumeux.	31 16	31 4	NNE	5	767	21	Clair.
O	6	758		Id.			NNE	9	767	21	Id.
O	6	751	11	Id.			NNE	9	763	21	Id.
NO	7	747	11	Id.	33 8	26 45	NNE	5	762	21	Nuageux.
NO	4	744		Id.			NNE	5	761	21	Id.
me.	2	746	8	Couvert.			NNO	5	759	21	Id.
NO	6	745	8	A grains.	34 48	23 24	S	5	760	21	Id.
NO	9	747		Forts grains.			OSO	5	760	20	Id.
O	8	751	4	A grains.			OSO	5	761	20	Id.
O	8	753		Id.	34 14	22 7	O	7	764	16	Couvert.
O	7	755		Id.			O	5	764	16	Id.
NO	10	752	9	Bru. à gr.			O	5	765	18	Id.
O	7	751	10	Couvert.	34 50	21 23	Calme.	0	762	18	Id.
N	7	750		Brumeux.			Calme	0	764	18	Nuageux.
O	7	747	7	A grains.			ONO	1	762	16	Id.
SO	2	749	7	Pluvieux.	35 16	18 46	NO	1	763	17	Id.
O	1			Id.			NO	3	764	17	Id.
E	3	751	7	Id.			ONO	3	764	17	Id.
O	5	749		Id.	34 48	16 39	Calme.	0	761	17	Id.
O	6	749	8	Id.			ENE	3	760	18	Id.
E	5	741	8	Id.			NNO	5	760	17	Id.
O	9	739	8	Id.	34 25	15 11	NNO	5	760	17	Id.
O	9	739		Id.			NNO	5	759	17	Id.
O	5	734	2	A grains.			NO	5	759	17	Id.
O	9	741	3	Id.	33 56	14 38	NO	9	759	18	Id.
O	9	743		Id.			O	3	759	18	Id.
O	9	744	3	Id.			O	3	761	16	Id.
O	8	748		Id.	32 38	14 38	Calme.	0	763	16	Id.
O	7	749		Id.			Calme.	0	762	17	Id.
NO	6	745	5	Id.			ONO	5	760	16	Id.
O	7	743		Id.	32 24	14 30	ONO	5	760	17	Id.
O	8	740		Id.			NNO	3	761	16	Id.
O	6	753	6	Id			OSO	1	761	16	Id.
O	6	753	7	Id.	31 59	14 10	Calme.	0	762	16	Id.
O	6	753		Id.			Calme.	0	762	16	Id.
O	6	755	6	Id.			ONO	2	760	16	Id.
O	6	744	8	Pluvieux.	30 45	12 34	NO	4	759	16	Id.
O	6	755		A grains.			SO	5	756	17	Couvert.
SO	8	759	8	Id.			SSO	7	758	18	Id.
E	7	761		Id.	28 57	10 47	SSO	5	761	15	Id.
E	5	763	7	Id.			SSO	3	761	14	Id.
E	6	766	11	Id.			SSE	5	760	13	Id.
E	6	767	12	Id.	27 22	7 27	SE	5	762	12	Id.

Bien que les coups de vent de l'hiver austral de 1862 aient soufflé au Cap avec une violence rare et causé de nombreux sinistres dans la baie de la Table et au large, il n'y a pas de raison de leur supposer cette année, des directions et des variations exceptionnelles, et il doit être permis de tirer quelques conséquences générales des observations précédentes qui embrassent toute la saison d'hiver.

Nous avons déjà montré, par quelques exemples dont il serait facile de multiplier le nombre, que les variations de hauteur du baromètre, comparées aux changements de direction et de force du vent, ne permettent pas d'admettre que les coups de vent du Cap soient des cyclones.

D'autres considérations, appuyées sur les faits d'observation que nous avons exposés, pourraient encore être invoquées contre cette hypothèse de M. Bridet.

En effet, ces sautes de vent du N.E. au N.O., du N.O. à l'O. et au S.O., qu'on éprouve assez fréquemment dans le voisinage du Cap; ces oscillations répétées des vents, du N.O. au S.O., qu'on observe surtout le long de la côte, entre le cap des Aiguilles et la baie d'Algoa; enfin ces rotations complètes des vents qui sont plus fréquentes et plus marquées au large de la côte, sont autant de caractères communs à la plupart des coups de vent des régions tempérées et que ne saurait expliquer la théorie connue des cyclones. — Le sens de ces rotations des vents dans les parages du Cap est le même que celui des tourbillons des régions tempérées de l'hémisphère austral dont nous avons déjà parlé, et contraire au sens de la rotation des cyclones de ce même hémisphère.

Si l'on consulte les tableaux nᵒ 1 et nᵒ 2 qui précèdent on voit bien que le souffle d'un même coup de vent, dans ces parages, ne se fait pas sentir partout avec la même intensité et la même direction; mais les différences qu'on remarque s'expliquent beaucoup mieux, soit par l'éloignement considérable des lieux d'observation, soit par l'influence de la configuration de la côte, que par la présence d'un cyclone.

Il semble, en effet, qu'à l'O. du cap des Aiguilles les vents de N.O. dominent, près de terre, et tournent assez souvent au S.O., au large, après les coups de vent; qu'entre le cap des Aiguilles et la baie d'Algoa, les vents soufflent habituellement de directions voisines de l'O. et n'acquièrent que peu de force au Sud, dans les rares circonstances où ils soufflent de cette partie; enfin qu'à l'E. de la terre de Natal, les vents

les plus fréquents soient ceux du N.N.E du N.O. et du S.O.;
ces derniers soufflant parfois en coups de vent, dont la durée
et la violence diminuent à mesure qu'on s'éloigne vers l'E.

Ajoutons que, la propagation des coups de vent du Cap
a lieu incontestablement dans le sens de leur direction, ce
qui n'est pas le cas général pour les cyclones [1].

Indépendamment de toute hypothèse sur la nature des
coups de vent du cap de Bonne-Espérance, l'heureuse navigation de *la Vengeance*, sur le 46ᵉ parallèle, pourrait faire
penser que si cette frégate a échappé aux violents coups de
vent qui ont assailli d'autres bâtiments de l'expédition de
Chine sur le banc des Aiguilles, elle le doit à la route qu'elle
a suivie en allant chercher ce parallèle.

Il n'en est rien cependant, car on a vu que *le Rhin*, ainsi
que *l'Andromaque*, après sa sortie de la baie d'Algoa, ont
trouvé sur le banc le temps encore plus beau que ne l'a eu
la Vengeance au large à la même époque.

On ne saurait nier qu'en maintes circonstances une zone
de vents maniables s'étend à peu de distance de la côte d'A-
frique, tandis que le mauvais temps règne au large ; mais, à en
juger par les observations faites simultanément à bord des
bâtiments que nous venons de citer, le temps qu'on trouve à
une grande distance dans le S. ne diffère de celui qu'on rencontre sur le banc des Aiguilles que par une brise plus régulière et parfois un peu plus fraîche, un ciel plus couvert et

---

1. M. Bridet, à la page 140 de son Mémoire, se base sur des observations faites à bord de quatre navires, par les latitudes de 40° à 42° S., pour
établir que ces navires ont éprouvé un cyclone marchant de l'O. à l'E.

Sans aucun doute, ces observations démontrent qu'un coup de vent
d'O. succédant à un vent d'E. par une saute du N. E. au N. O., s'est
propagé de l'O. à l'E. dans le sens de sa direction finale. Mais , si l'on
indique sur une carte les positions des quatre navires cités, et les directions
des vents différents qu'ils observaient, le 3 septembre 1860 ; *la Seine*, le plus à
l'O., ayant des vents de N. N. E., et *l'Octavie* le plus à l'E., des vents
d'E. ; on arrive à une conclusion assez différente de celle de M. Bridet.
On reconnaît que ces vents ne pouvaient appartenir à un cyclone tournant
sur la droite comme ceux de l'hémisphère austral; mais qu'ils dépendaient
plutôt d'un tourbillon tournant sur la gauche comme ceux des régions
tempérées du même hémisphère.

Si *la Seine* a eu un vent de N. N. E. plus frais que le vent d'E. de
l'Octavie, on peut l'attribuer à ce que la direction de ce dernier vent était
opposée à celle du mouvement de translation du tourbillon, tandis que là
où soufflait le vent de N. N. E. de *la Seine*, l'influence du coup de vent de
N. O. qui était proche, commençait à se faire sentir.

une température plus froide. On est donc en droit de conclure, de tout ce qui précède, que les navires n'ont pas intérêt à s'éloigner du Cap au delà du 45ᵉ parallèle, comme le leur conseille M. Bridet; mais que, contrairement aussi à l'opinion d'Horsburgh, ils n'ont pas à redouter, en s'écartant dans le S. du banc des Aiguilles, de plus violentes tempêtes que celles qu'ils trouveraient sur le banc même.

Les bâtiments à vapeur et les petits navires à voiles ont un avantage évident à suivre de près la côte jusqu'au cap des Aiguilles. Ils y trouvent le temps plus beau , le courant favorable et la mer moins grosse.

Quant aux grands navires à voiles, nous leur conseillons, si le vent est favorable, de faire route pour reconnaître la côte d'Afrique dans le voisinage d'Algoa et de se diriger de là, en s'écartant de la côte, le long de l'accore méridionale du banc des Aiguilles, vers le point situé par 37° lat. S. et 15° long. E. Ils profiteront ainsi du plus grand courant, et viendront se placer assez au large du cap de Bonne-Espérance pour pouvoir encore le doubler s'ils sont surpris par un coup de vent d'O.

En cas de vents contraires, ils prendront la bordée qui rapprochera le plus de la route, en restant de préférence dans le courant, si le temps a belle apparence , et en se tenant au contraire au large du banc , s'il y a des indices de mauvais temps.

Ces indices sont rarement trompeurs et lorsque le baromètre baisse avec des vents de l'E. au N., que le temps se couvre et que des éclairs se montrent dans la partie de l'O., on peut être certain qu'un coup de vent n'est pas éloigné et l'on doit prendre des précautions contre des sautes de vent subites, du N. E. au N. O., puis à l'O. et au S. O.

La règle indiquée en pareille circonstance pour éviter de masquer et pour couper les lames sous un angle plus favorable, lorsque le vent tourne, est de se mettre bâbord amures ; mais le bâtiment qui se hâterait trop d'appliquer cette règle courrait le risque d'attendre assez longtemps le changement de vent, et de perdre alors beaucoup de chemin en gouvernant vers l'E., ou de se rapprocher tellement de terre, que la bordée de bâbord amures ne lui fût plus possible au fort du coup de vent, c'est-à-dire au moment où les inconvénients de la bordée de tribord seraient le plus sensibles.

Nous conseillons donc aux bâtiments qui, par un temps

douteux, sur le banc des Aiguilles, ont des vents du N. E. au N., de prendre des ris et de diminuer de voiles de très-bonne heure, surtout si des éclairs se montrent dans l'O. et si le baromètre baisse ; mais nous les engageons aussi, au lieu de se presser de virer de bord, à laisser porter au S. O., pour faire de la route dans cette direction aussi longtemps que le vent n'aura pas tourné jusqu'au N. O., et que l'état du ciel, dans l'O. et le S. O., joint à la baisse du baromètre, ne menacera pas d'une saute de vent prochaine.

En effet, en gouvernant ainsi et en laissant le phare de l'avant toujours très-ouvert, ils n'auront rien à craindre de la saute du vent au N. O., et ils continueront à faire du chemin dans une direction avantageuse.

Dans tous les cas, ils seront en meilleure position, après qu'ils auront été forcés de virer, pour garder la bordée de bâbord amures pendant le fort du coup de vent.

Le point essentiel est donc le choix du moment où le virement de bord est indispensable. L'expérience de l'homme de mer, acquise par l'observation attentive du temps, est ici le meilleur guide. Elle peut épargner, à celui qui la possède, quelques-unes de ces pénibles journées employées à lutter contre la grosse mer et les grains violents du banc des Aiguilles.

Les indications du baromètre ne sauraient être considérées comme infaillibles. On reçoit souvent dans ces parages, comme l'écrit Horsburgh, de forts coups de vent avec un baromètre haut ; mais on doit s'attendre à une tempête s'il baisse dans le voisinage de $0^m,750$.

En manœuvrant comme il vient d'être dit, on a l'avantage de s'éloigner du banc des Aiguilles et de la région des courants, au commencement du coup de vent, lorsque la mer, occasionnée par ces courants, est nécessairement très-dure, et de revenir ensuite à l'accore du banc à la fin du coup de vent, pour profiter de nouveau du courant.

Quand le vent d'ouest a soufflé pendant plusieurs jours, le courant du banc des Aiguilles cesse entièrement, et si alors les lames sont encore extrêmement grosses sur le banc, cela ne peut tenir du moins qu'à la diminution de profondeur de la mer.

Il y a donc, à ce point de vue, moins d'inconvénients à revenir sur le banc des Aiguilles à la fin d'un coup de vent qu'à s'y trouver à son début.

L'influence si marquée du vent soufflant à la surface de la mer, sur la direction d'un courant aussi rapide que celui des Aiguilles, jette quelques doutes sur l'exactitude de la théorie des courants de M. Maury. En effet, cet auteur fait jouer le principal rôle dans la circulation océanique à l'excès d'évaporation sous l'équateur dû à la chaleur solaire, et semble ne pas tenir grand compte de l'influence des vents sur les courants de la mer.

Cependant, quel que soit l'effet de cet excès d'évaporation, non-seulement l'existence du courant des Aiguilles, mais encore les modifications périodiques de sa vitesse, suivant les saisons, trouvent une explication suffisante et très-plausible dans la pression continuelle exercée par les vents alizés sur l'océan Indien; pression qui tend à élever les eaux de cet océan sur la côte orientale d'Afrique et de Madagascar, d'où elles s'échappent par le courant des Aiguilles dans l'océan Atlantique.

On remarque, en effet, que ce courant est dans toute sa force pendant la saison de l'hiver austral, où le soleil échauffe le moins les mers équatoriales de l'océan Indien, et où les vents alizés, au contraire, sont dans leur plus grande force.

Quant aux causes qui concourent à produire les vents violents et les mauvais temps du cap de Bonne-Espérance, et à leur donner les caractères que nous avons signalés, elles sont probablement de plusieurs sortes.

A ne considérer que les faits observés à la surface du globe, il est incontestable qu'un immense courant d'air, suivant des directions variables entre le N. O. et le S. O., et dont la moyenne est voisine de l'O., existe en toute saison dans le voisinage du 45ᵐᵉ parallèle sud et s'étend en largeur d'autant plus au nord et d'autant moins au sud que le soleil est plus éloigné dans le nord de l'équateur.

Pendant l'hiver austral, ce courant aérien atteint la pointe méridionale de l'Afrique et acquiert une plus grande rapidité par l'effet de l'obstacle qui rétrécit sa section. Il se divise, dans le voisinage du Cap, en deux branches; l'une tournant sur la gauche pour suivre, en remontant vers le nord, la côte de Cimbebasie, l'autre s'infléchissant sur la droite pour contourner la côte d'Afrique à l'est du cap des Aiguilles.

Que l'on suppose ce courant dirigé de l'O. S. O. à l'E. N. E., et sa ligne de partage passant à quelque distance au

nord du Cap, on expliquera comment de forts vents de N. O.
peuvent régner dans la baie de la Table en même temps qu'une
brise fraîche de S. E., à 60 lieues seulement dans le N. O. du
Cap; circonstance que nous allons avoir occasion de relater.

Les oscillations de cette ligne de partage pourraient expliquer aussi les sautes de vent observées si fréquemment dans
son voisinage.

Une autre explication des mauvais temps du Cap, qui n'ex-
clut pas la première et dont nous remettons à parler dans
le paragraphe suivant, serait basée sur l'hypothèse de la
descente à la surface du globe, dans ces parages, d'un contre-courant aérien supérieur, venant du N. O. Elle rendrait
compte des grains violents et fréquents qu'on y reçoit et à la
formation desquels l'évaporation des eaux chaudes du courant des Aiguilles peut aussi contribuer.

OCÉAN ATLANTIQUE.

Nous avons dit que, le 16 août, *la Forte*, à environ 30 lieues
dans l'O. N. O. du Cap, vers midi, faisait route pour l'île de
Sainte-Hélène, avec des vents frais du S. O. Ces vents tournèrent le lendemain du S. S. O. au S. E. sans diminuer de
force et sans que la houle du S. O. cessât de se faire sentir.
(Bar. $0^m,772$, th. $+ 12^0$.)

Dans la nuit du 16 au 17, le vent de S. O. soufflait aussi
en rade de Simon's bay et conduisait *l'Entreprenante* au
mouillage. — Il tournait pareillement au S. E.; mais au lieu
de s'y fixer, il sautait presque aussitôt au N. O. grand frais,
tandis que *la Forte*, à 60 lieues au N. O. du Cap, continuait à
être poussée par une bonne brise de S. E., qui lui faisait filer,
le 18, de 10 à 11 nœuds vent arrière. Elle était ce jour-là par
29^0 58′ lat. S. et 8^0 39′ long. E. — Elle avait donc passé de la
région des vents généraux d'O. variables au N. O. et au S. O.,
dans celle des vents alizés de S. E., sans autre transition que
la rotation graduelle d'une brise *vigoureuse*, comme l'appelle
Horsburgh. — Cette même brise mollissant et halant un peu
l'E. (Bar. de $0^m,772$ à $0^m,764$), conduisit la frégate à Sainte-
Hélène, où elle mouilla le 25 août. — Elle y passa cinq jours,
qu'on mit à profit pour consolider la guibre ébranlée par les
mauvais temps du Cap et pour réparer quelques avaries de grée-
ment, telles par exemple que la rupture des deux grands étais.

Un mois plus tôt que *la Forte*, mais à 70 lieues plus au

large, *la Vengeance* avait vu aussi les vents de S. O. tourner au S. E. en fraîchissant et s'y fixer, sauf quelques légères variations au S. S. O., jusqu'à Sainte-Hélène, où cette frégate avait mouillé le 24 juillet, huit jours seulement après avoir dépassé la latitude du Cap.

L'Andromaque, après avoir doublé le cap de Bonne-Espérance presque en même temps que *la Vengeance* et aussi près de terre que *la Forte*, gouverna du 16 au 20 juillet parallèlement à la côte d'Afrique, à une distance d'environ 50 lieues, et trouva sur cette route des vents différents de ceux de *la Vengeance* au large.— Ainsi cette dernière frégate avait déjà, le 16, à 8 heures du soir, les vents de S. E. frais, que *l'Andromaque* avait encore des vents de S. S. O. — *La Vengeance*, à environ 200 lieues de terre, conservait pendant plusieurs jours ces vents de S. E. frais (Bar. $0^m,764$, th. 16^0), tandis que *l'Andromaque*, qui coupait le tropique à 60 lieues seulement de la côte d'Afrique, ne trouvait qu'une petite brise d'O. (Bar. $0^m,760$, th. 16^0). Mais en s'écartant de terre par sa route du 20 au 21, *l'Andromaque* vit bientôt le vent tourner au S. E., jolie brise.

Cette frégate ne toucha pas à Sainte-Hélène; mais en se dirigeant pour couper la Ligne par 13^0 environ de longitude ouest, elle atteignit, le 24 juillet, le parallèle de Sainte-Hélène, par $3^0 47'$ long. O., huit jours après avoir doublé le Cap. *Le Rhin* se trouvait, le 10 juillet, à 15 lieues seulement dans l'O. S. O. du cap de Bonne-Espérance. Il y trouvait des vents de N. N. O, tandis que *l'Andromaque*, encore sur le banc des Aiguilles, avait les vents à l'O. N. O., ce qui confirme ce que nous avons dit précédemment sur l'influence de la configuration de la côte. — *La Vengeance*, plus au large, avait le même jour des vents plus frais du N. O.

Du 10 au 14, *le Rhin*, retenu près de la côte et contrarié par des brises variables de l'O. au N. et par des calmes, ne fit pas beaucoup de chemin; à peine la moitié de celui de *la Vengeance* au large. Le 15 seulement, après midi, il vit le vent de N. O. commencer à tourner au S. O. Le 17, il l'avait au S. E, et six jours après, il arrivait à Sainte-Hélène, toujours poussé par le vent alizé.

La navigation de ce bâtiment et les vents qu'il a trouvés en serrant de près la côte, justifient le conseil que nous avons précédemment donné de s'éloigner beaucoup de terre, après avoir dépassé le méridien du cap des Aiguilles.

Quant à *l'Entreprenante*, qui resta au mouillage de *Simon's bay* jusqu'au 1ᵉʳ septembre, après y avoir essuyé du 17 au 19 août un coup de vent de N. O., elle eut des vents de S. E. qui, après son départ pour Gorée, l'accompagnèrent sans mollir jusque par 3⁰ de latitude nord.

Enfin, pour *le Rhône*, qui se trouvait le 6 octobre à 30 lieues dans l'ouest du Cap, avec des brises faibles et variables, le vent tourna graduellement, à partir du 7, du N. N. O. au S. O. et au S. — Ce bâtiment, en coupant le tropique du Capricorne par 3⁰ long. E., trouva encore de petites brises variables du S. O. au N. O. qui les jours suivants revinrent au S. E. — Il mouilla à Sainte-Hélène le 18.

Ainsi, l'absence de calmes tropicaux et la continuité des vents polaires de S. O. dans leur transformation en vents alizés de S. E., par une rotation graduelle sur la gauche, que *le Duperré* et *la Forte* avaient observées dans l'ouest de l'Australie, en se rendant en Chine en 1860, étaient pareillement constatées dans l'ouest de la côte d'Afrique et du Cap, par les bâtiments qui opéraient leur retour de Chine en 1862.

Horsburgh avait entrevu, il y a longtemps, l'existence à la surface du globe de ces grands courants aériens polaires, non-seulement dans l'ouest de l'Australie et du cap de Bonne-Espérance, mais encore dans l'ouest des côtes du Chili où elle est si marquée.

M. Lartigue, remarquant que le même fait s'observait aussi à l'ouest des côtes de Californie et de Portugal, l'avait choisi avec raison pour base principale de son système des vents publié en 1840.

On peut, à bon droit, s'étonner qu'un fait aussi général et aussi considérable, qui donne l'explication la plus simple de la formation des vents alizés et de la circulation de l'atmosphère, à la surface des cinq grandes mers comprises entre l'équateur et les 45ᵉˢ parallèles N. et S., ait échappé entièrement à M. Maury.

C'est d'ailleurs pour l'avoir méconnu, et pour avoir supposé au contraire un fait aussi peu réel que l'existence de zones continues de calmes équatoriaux et tropicaux, que le météorologiste américain a été obligé de recourir à l'hypothèse, dénuée de fondement, de l'entre-croisement des vents alizés dans ces zones, et d'admettre des causes occultes dans l'explication de son système.

Quant à l'existence de courants aériens supérieurs, animés de vitesses différentes de celles des vents soufflant à la surface, la traversée de *la Forte* du Cap en Europe nous en a offert plusieurs exemples.

Le plus remarquable a été observé le 23 août, par 17° 40′ lat. S. et 4° 33′ long. E. — La brise du S. E. à l'E. S. E., jusque-là ronde et bien fixe, mollit et varia au S. O. Le ciel se couvrit, surtout dans le nord où se montraient les apparences d'un orage. Les nuages, très-bas et d'abord stationnaires, prirent bientôt un mouvement apparent du N. N. O. au S. S. E., tandis que la brise de S. O. continuait à se faire sentir par des rafales assez fraîches mêlées de calmes. (Bar. 0ᵐ,765, th. + 21°.)

Pendant ces rafales la frégate filait jusqu'à dix nœuds le cap au N. O. — De sorte qu'au moins une partie de la vitesse relative des nuages en sens contraire de celle du navire pouvait être attribuée à la marche de celui-ci. .

Il était difficile cependant de ne pas voir dans un ensemble de circonstances à peu près pareilles observées pendant toute cette traversée dans l'océan Atlantique Austral, la preuve de l'existence d'un courant aérien supérieur venant d'entre le N. et le N. O. et soufflant à une petite hauteur au-dessus des vents alizés.

Il est bon de rappeler ici qu'Horsburgh, en parlant de la route à faire du Cap à Sainte-Hélène, mentionne l'existence de violents orages du N. O. qui parfois, entre ces deux points, remplacent momentanément le vent alizé de S. E.; et que *l'Entreprenante* recevait à Simon's bay, du 17 au 19 août 1862, un fort coup de vent de N. O., tandis qu'exactement à la même époque, *la Forte*, à 60 lieues dans le N. O., observait des vents tournants du S. S. O. au S. E.

Une explication assez plausible de ces coups de vent de N. O. qui règnent en hiver dans les environs du cap de Bonne-Espérance, à si peu de distance des vents de S. E. de l'océan Atlantique Austral, est la descente à la surface du globe, dans les parages du cap dont il s'agit, du courant aérien supérieur observé dans cet océan.

Ici se présenterait alors, comme un cas particulier, le phénomène dont M. Maury a supposé l'existence dans toutes les zones équatoriales et tropicales; mais la cause accidentelle de cette descente du courant d'air supérieur à la surface, sur un parallèle aussi peu éloigné de l'équateur, pourrait être attribuée à la rencontre, par ce courant d'air équatorial, des sommets des montagnes qui terminent l'Afrique au sud, et au refroidissement qui en est la conséquence.

Une autre explication non moins naturelle de ces coups de vent de N. O. du Cap serait, comme nous l'avons déjà dit, la séparation en deux branches du grand courant aérien polaire qui, suivant à la surface du globe la direction du S. O. ou de l'O. S. O., viendrait frapper les terres du Cap et s'y diviser comme le courant d'un fleuve autour des culées d'un pont.

Revenons à *la Forte* que nous avons laissée sur la rade de Sainte-Hélène. — Elle y resta du 25 au 31 août et éprouva, pendant ce temps, de bonnes brises de l'E. S. E. au S., à grains. — Le ciel était habituellement nuageux, le baromètre s'écartait peu de 0^m,766 et le thermomètre variait entre 19^0 et 24^0.

Le 31 août au soir, *la Forte* appareilla pour Cherbourg avec une jolie brise de S. E. qui l'accompagna jusqu'au delà de la Ligne.

Dans la saison où l'on était, les calmes de la côte de Guinée sont remplacés par la mousson du large due à l'aspiration des terres échauffées d'Afrique.

En s'exerçant sur les vents alizés cette aspiration fait prendre graduellement la direction du S. O. à l'alizé de S. E. et du N. O. à l'alizé de N. E.; mais la configuration de la côte et la différence de vitesse de rotation des parallèles favorisent le développement du vent de S. O. qui règne alors dans tout le golfe de Guinée et donne son nom à la mousson.

Il n'y a donc pas de raison, pendant la saison d'été, pour aller couper la ligne dans l'ouest, où les calmes sont alors au moins aussi fréquents que dans le voisinage de la côte d'Afrique, d'après le témoignage des *cartes-pilotes* [1] de M. Maury.

La route par l'est des îles du cap Vert semblerait même offrir quelques avantages en cette saison; mais M. de Montravel, avec *la Constantine*, n'avait pas eu à se féliciter de l'avoir suivie.

Nous espérâmes rencontrer de meilleures chances en coupant la Ligne par 21^0 long. O., ce que nous fîmes le 7 septembre, et en continuant à faire route au N. O. dans l'hémisphère boréal, afin de laisser les îles du cap Vert sur la droite.

---

1. Les *cartes-pilotes* de M. Maury ne laissent aucun doute à cet égard, et leurs informations sont corroborées par un récent ouvrage de M. Brito Capello sur les vents du golfe de Guinée, traduit par M. Legras, capitaine de frégate.

La brise bien établie au S. E., pendant les premiers jours de la traversée, avait graduellement tourné au S.S.E. et soufflait encore avec assez de force. La frégate filait par moments jusqu'à dix nœuds avec les bonnettes à bâbord et les cacatois.

Le baromètre était descendu à 0^m,762. Le thermomètre ne dépassait pas 28°. Le ciel était nuageux. Les nuages supérieurs peu élevés paraissaient encore chasser du N.N.O.; mais leur vitesse apparente pouvait bien être due à la vitesse propre de la frégate.

Le 8, le temps n'avait pas changé, le vent continuait à tourner graduellement au S. et au S. S. O., et *la Forte*, le cap au N. 33°O., filait de 7 à 9 nœuds. Le 9, à midi, elle coupait le 5e parallèle N. par 23° 43' long. O. La brise mollissait et tournait à l'O. S. O. (Bar. 0^m,764, th. 26°). — Depuis le départ de Sainte-Hélène, le courant de la mer avait porté en moyenne d'un demi mille à l'heure au S. O. A partir du 9, on observa des différences, tantôt au S.O. et tantôt au S.E., voisines d'un demi-mille à l'heure.

Du 9 au 14, la frégate avança lentement à l'aide de petites brises variables de l'O. au N.O. qui l'obligèrent à remonter dans le nord, sans augmenter sa longitude. — Elle atteignit cependant, le 15, le 12me parallèle N., par 23° 8' long. O. (Bar. 0^m,759, th. 27°), et elle trouva sur ce point une jolie brise de S.O. à laquelle succéda, le lendemain 16, du calme pendant quelques heures.

Notre parti était pris de passer dans l'E. des îles du cap Vert; mais après un jour de brises variables et faibles du S. O. au S. E. et une demi-journée de calme, le vent se leva au N. et s'établit promptement en vent alizé. (Bar. 0^m,762, th. 25°.)

La Forte était alors par 15° 8' lat. N et 23° 41' long. O. Elle prit tribord amures et prolongea, sous le vent, la chaîne septentrionale des îles du cap Vert, à partir de Boavista, pour continuer ensuite sa bordée vers les Açores. Enfin elle coupa le tropique du Cancer, le 24 septembre, par 32°40' long. O., vingt-quatre jours après son départ de Sainte-Hélène.

L'Andromaque, comme nous l'avons dit, avait coupé, le 24 juillet, le parallèle de Sainte-Hélène par 3° long. O., c'est-à-dire à environ cent lieues dans l'est de cette île. Toujours poussée par les vents alizés de S. E., elle avait, le 30, franchi l'équateur par 13° long. O. et gouverné ensuite pour passer entre le continent et les îles du cap Vert.

La brise tourna bientôt au S., en fraîchissant un peu. Elle

était au S. O. le 3 août, par 8° 22′ lat. N. et 21° 21′ long. O., à l'O. le 6, au N. O. le 8, et au N. E. le 9, par 20° 42′ lat. N. et 22° 18′ long. O.

Du 3 au 7, le temps fut à grains et quelquefois pluvieux. Il s'embellit en même temps que s'établit le vent alizé. Le baromètre, qui était descendu au plus bas à 0ᵐ,757 avec le vent d'O., remonta à 0ᵐ,760.

Enfin, *l'Andromaque* coupa le tropique du Cancer par 25° long. O. le 10 août, dix-huit jours seulement après avoir dépassé la latitude de Sainte-Hélène.

Quant à *la Vengeance*, qui avait quitté cette île le 30 juillet, elle coupait la Ligne le 6 août, par 17° long. E., avec un vent de S. S. E. halant déjà le S. — Le 9, le temps était devenu pluvieux, et la brise mollissait en variant de l'E. à l'O. par le S. — Le 12, par 9° 53′ lat. N. et 29° 1′ long. O, le temps était plus beau, la brise mieux établie au N. O., où elle avait tourné par l'O. — Le 13, continuant son mouvement de rotation, elle passait au N., et le 14 elle s'établissait au N. N. E., en vent alizé, par 12° 2′ lat. N. et 30° long. O. — Le 17, à une heure du matin, un fort grain de S. O. interrompait le cours du vent alizé qui reprenait ensuite, après quelques heures de calme. Enfin *la Vengeance* coupait le tropique du Cancer par 39° long. O., le 19 août, vingt et un jours après son départ de Sainte-Hélène.

Le Rhin avait appareillé de cette rade le 27 juillet, trois jours avant *la Vengeance* et coupé l'équateur le 4 août, par 23° 30′ long. O.

Une jolie brise de S. E., tournant graduellement au S., l'accompagna jusqu'au 6, par 4° 11′ lat. N. et 26° 22′ long. O., où elle mollit en continuant à tourner au S. O. et à l'O. — Le 12 la brise revint au S. E. par le S. — Le 13, par 18° lat. N. et 29° long. O., après quelques heures de calme, le vent alizé s'établit au N. E. — Enfin le 15, *le Rhin* coupa le tropique du Cancer par 34° long. O., vingt jours et demi après son départ de Sainte-Hélène.

En comparant entre elles les traversées de Sainte-Hélène au tropique, faites pendant le mois d'août par *l'Andromaque*, *la Vengeance* et *le Rhin*, on voit que la première frégate avait gagné trois jours sur *la Vengeance* et deux jours et demi sur *le Rhin*, en coupant la Ligne par 13° long. O. En outre, *l'Andromaque* avait eu l'avantage de couper le tropique du Cancer beaucoup plus à l'Est que les deux autres bâtiments.

La route par l'E. des îles du cap Vert avait donc été pré
férable, à cette époque et en cette circonstance. — En sep
tembre, *la Forte* qui suivait une route intermédiaire entr
les précédentes mettait six jours de plus que *l'Andromaque*
faire le même chemin en latitude, ce qui semble indiquer qu
la saison était alors moins favorable pour effectuer ce traje

On est confirmé dans cette opinion par la traversée c
l'Entreprenante qui, après avoir coupé la Ligne le 16 septemb
par 20° long. O. et fait route à la vapeur pour Gorée qu'el.
atteignit le 22, ne trouva guère que des calmes et des brise
variables là où *l'Andromaque* avait été favorisée par de joli
brises bien établies.

Le Rhône, qui appareilla de Sainte-Hélène le 23 octobre,
qui coupa l'équateur le 30 par 19° 30′ long. O., fut obligé aus
d'employer sa machine, en raison des faibles brises du S. S. l
au N. N. E. qui régnaient dans le voisinage du 5ᵐᵉ parallè
N., accompagnées de grains de pluie et d'orages. Il trouv
le 2 novembre l'alizé de N. E. par 8° lat. N. et 22° long. O
et il coupa le tropique du Cancer le 10 par 32° long. O.

Les observations de vents faites à bord des trois frégate
à voiles, montrent clairement comment s'opère sous l'in
fluence de l'aspiration des terres échauffées du continer
africain, la transformation des vents alizés de S. E. en ven
de S. O., des vents alizés de N. E. en vents de N. O., et l
fusion de ces deux alizés en une même mousson.

Après le mois d'août cette mousson diminue de force et d'é
tendue. — *Le Rhône* n'en a pas trouvé de trace en novembre
à l'O. du 19ᵐᵉ méridien, et a vu l'alizé boréal succéder à l'a
lizé austral sans autre transition qu'un calme de quelque
heures.

Tous les bâtiments dont nous avons parlé ont ressen
l'influence du courant équatorial portant en moyenne à l'O.
mais en août la rapidité de ce courant dans le voisinage d
la Ligne a été remarquable.

L'Andromaque, entre le 5ᵐᵉ parallèle N. et l'équateur qu'ell
a coupé par 13° long. O., l'a trouvé, par 24 heures, de 88 mi
les à l'O. 4° S. le 1ᵉʳ août, et de 47 milles à l'O. le 2.

Le Rhin, en coupant la Ligne par 23° 30′ long. O., a éprouvé
le 4, un courant de 72 milles à l'O. S. O.

Enfin, *la Vengeance*, du 3 au 8, a été portée, pareillement a
O. S. O., de 40 à 50 milles par 24 heures, entre le 5ᵐᵉ parallèle S. et le 2ᵐᵉ parallèle N. qu'elle a coupé par 29° long. O.

Pour *le Rhône* en novembre, et déjà même pour *la Forte* en septembre, le courant équatorial avait repris sa vitesse normale d'environ un demi-mille seulement à l'heure.

Nous ne savons si de telles variations dans la force du courant équatorial ont jamais été signalées, ni à quelles causes elles doivent être attribuées. — Il est à remarquer cependant que l'époque du maximum de vitesse du courant équatorial en 1862 était celle du maximum de force des vents alizés de l'hémisphère austral, ainsi que du maximum de vitesse du courant des Aiguilles, et des plus fortes pluies dans le golfe et sur la côte de Guinée.

Au N. du 5me parallèle N., tous les bâtiments trouvèrent des courants faibles et indécis, mais portant généralement entre le S. et l'E.

La Forte, avons-nous dit, avait coupé le tropique du Cancer le 24 septembre, par 32° 40′ long. O. — Elle avait une jolie brise de N. E. qui ne cessa que le 27. — Ce jour-là, par 28° 48′ lat. N. et 36° 21′ long. O., après 5 heures de calme (Bar. 0^m,768, th. 26°), il s'éleva une petite brise de N. O. qui le lendemain 28 tourna jusqu'à l'O. S. O. en fraîchissant, et revint ensuite le 29 au N. E., après avoir tourné par le N.

Une légère baisse du baromètre, à 0^m,765 le 28, des éclairs dans le S. O. et une houle de cette partie, faisaient croire au voisinage d'un coup de vent, et expliquaient l'interruption momentanée du vent alizé, qui recommença bientôt à souffler régulièrement. — Le baromètre remonta alors à 0^m,774. (Th. 22°.)

Le 30 septembre, par 33° 44′ lat. N. et 36° long. O., le vent tourna graduellement à l'E. — *La Forte* fit route pour passer dans l'E. et en vue de Flores et de Corvo, et le vent continua à tourner au S. E. en fraîchissant.

Le 2 octobre, la frégate, poussée par une belle brise du S., dépassait la latitude des Açores. Le temps se couvrait et devenait pluvieux.

Le 4, des pannes dans l'O. N. O. et une forte houle de la même direction indiquaient encore le voisinage d'un coup de vent de cette partie. — Néanmoins la brise continuait à souffler du S. S. E. et la frégate à filer 11 nœuds avec les cacatois.

Le 5, le vent tourna sans mollir du S. au N. par l'O. et la frégate dut prendre bâbord amures avec trois ris dans les huniers. — Le 7, le vent soufflait frais du N. E., et le 8 *la Forte* reconnaissait la terre du cap Ortegal.

Le soir de ce jour les apparences du temps devinrent menaçantes. — Les nuages supérieurs qui chassaient du S. E. faisaient espérer du vent de cette partie; mais de gros nuages noirs montaient de l'E., tandis que de nombreux éclairs se montraient au N. et à l'O. (Bar. 0ᵐ,757, th. 13°). — Dans la nuit, la frégate reçut de forts grains de pluie amenant des sautes de vent, après lesquelles un violent coup de vent d'O. S. O. se déclara.

Pendant la journée du 9, la mer fut très-dure; des grains d'une longue durée rasaient la surface de la mer et amenaient une pluie torrentielle. — Le 10 le temps s'embellit, le vent restant toujours au S. O.

Le 11, on reconnut le feu d'Ouessant à 2 heures du matin, et celui du Casquets à 10 heures du soir. — Le 12, à la pointe du jour, la Forte mouilla à Cherbourg, au commencement d'un coup de vent de S. O., 19 jours après avoir coupé le tropique du Cancer, par 32° 40′ long. O.

On se rappelle que l'Andromaque avait coupé ce tropique beaucoup plus à l'E., par 24° 40′ long. O., le 10 août. Cette frégate put donc faire route par l'E. des Açores. — Elle se trouvait le 14 en vue et à l'E. de l'île de Sainte-Marie, avec des vents de N. E. tournant au N. et même au N. O. le lendemain. — Du 16 au 18 ils varièrent autour du N. N. E., et le 20, après avoir passé à l'O. N. O., ils reprirent à l'E. N. E.

Le 21, par 41° lat. N. et 25° 49′ long. O., ils tournèrent au S. S. E. par l'E. et se fixèrent dans les environs du S., d'où ils soufflèrent pendant presque tout le reste de la traversée.

L'Andromaque mouilla à Lorient le 28 août, 18 jours seulement après avoir coupé le tropique. — Si l'on tient compte de la différence d'éloignement des ports de destination, on voit que les traversées de cette frégate et de la Forte ont été également rapides.

La Vengeance qui avait coupé le tropique par 38° 40′ long. O., le 19 août, vit le 23 et le 24, comme l'Andromaque, le vent varier au N., puis mollir et reprendre à l'E.

Le 25, par 31° 46′ lat. N. et 45° 37′ long. O., elle eut du calme et le 26 une jolie brise du S. O. qui souffla plus fraîche le 27 et le 28; mais le 29, par 35° 28′ lat. N. et 38° 55′ long. O., le vent sauta au N. E. dans un grain et s'établit dans cette partie, tournant graduellement à l'E. et au S. E. — La Vengeance était définitivement dans la région des vents variables qui continuèrent à tourner jusqu'au S.O., puis saùtèrent au N. E. où ils soufflèrent quatre jours, avant de revenir au S. — Enfin, le 14 septembre, *la Vengeance* mouilla à Lorient, 27 jours après avoir coupé le tropique.

La route par l'E. du cap Vert avait fait gagner douze jours à *l'Andromaque* sur *la Vengeance*, à partir du parallèle de Sainte-Hélène.

Le Rhin avait coupé le tropique, le 15 août, par 34° long. O. —Des vents de l'E. au N. l'avaient accompagné jusqu'au 21, par 33° 38' lat. N. et 39 36' long. O. — Là, dans le sud des Açores, le vent avait tourné à l'O. par le N., et était tombé le 22 pour reprendre le 23 au N. jolie brise. Le 26, dans l'E. de Terceire, *le Rhin* trouvait encore du calme, auquel succédait, le 27, un vent de S. S. E., tournant ensuite au S. O. et au N. O.

Le 5 septembre, *le Rhin* mouillait en rade de l'île d'Aix, 22 jours après avoir coupé le tropique.

L'Entreprenante avait quitté Gorée le 25 septembre et coupé le tropique, le 30, par 27° 35' long. O., avec une jolie brise de N. E. qui varia à l'E. le 2 et le 3 octobre, pour remonter au N. et au N. O. dans l'E. des Açores, et revenir ensuite au N. E. sans mollir.

Le 8, par 42° 37' lat. N. et 25° 8' long. O., *l'Entreprenante* avait une jolie brise de S. E. suivie, le 9 et le 10, de calme, et le 11, d'un vent frais de S. S. O., sautant le 12 à l'O. dans un grain. — Elle mouillait le surlendemain à Cherbourg, quatorze jours après avoir coupé le tropique.

Au mois de novembre, *le Rhône*, après avoir coupé le tropique, le 10, par 32° 20' long. O., fut favorisé par des vents alizés d'E. et d'E. S. E., qui l'amenèrent le 15 en vue des îles Flores et Corvo. Les vents continuant à tourner sans mollir, passèrent le 17 au S. S. E. Ils remontèrent du 19 au 21 vers le N. E.

Le 19, *le Rhône*, par 47° 22' lat. N. et 19° 13' long. O., mit à la vapeur ; et par ce moyen arriva à Brest le 22, douze jours seulement après avoir coupé le tropique.

Les principales circonstances de la navigation des bâtiments dont nous venons de parler, depuis le tropique du Cancer jusqu'en France, ont servi à former le tableau suivant :

NOMS DES BATIMENTS.	PASSAGE DU TROPIQUE.		TRANSITION DES VENTS ALIZÉS en vents variables.	ROUTE par rapport aux Açores.	DURÉE du trajet du Tropique en France.	PORT d'arrivée.
	Date.	Long. O.				
Forte..........	24 sept.	32° 40'	Vents tournant par le S.E.	En vue de Florès.	19 jours.	Cherbourg.
Andromaque	10 août.	24 40	Vents tournant à l'O. par le N.	En vue de Sainte-Marie.	18 —	Lorient.
Vengeance.......	19 août.	38 40	Calme, jolie brise de S.O. sautant deux jours après au N.E.	A l'O. des Açores.	27 —	Lorient.
Rhin...........	15 août.	34 0	Vents tournant à l'O. par le N.	A l'E. de Terceire.	22 —	Rochefort.
Entreprenante....	30 sept.	27 35	Vents tournant au N.N.O. par le N. et revenant au N.E. et au S.E.	A l'E. des Açores.	12 —	Brest.
Rhône..........	10 nov.	32 20	Vents tournant par le S.E.	En vue de Florès.	14 —	Cherbourg.

1. *L'Entreprenante* et *le Rhône* ont fait usage de leurs machines pendant une partie de la traversée.

L'examen de ce tableau nous apprend qu'un seul des six bâtiments, dont les observations ont contribué à le former, a trouvé, en passant des vents alizés aux vents variables, les calmes et les vents du S. O. qui, d'après M. Maury, devraient régner sur une zone étendue dans le voisinage du tropique. Ce bâtiment, *la Vengeance*, était alors par 31°46′ lat. N. et 45° 37′ long. O.; c'est-à-dire à peu près au centre de l'océan Atlantique boréal.

La Forte et *le Rhin*, un peu plus à l'E., ont observé non des calmes, mais des vents tournant du N. E. au S. E.; enfin pour *le Rhin* qui traversait l'archipel des Açores aussi bien que pour *l'Andromaque* et *l'Entreprenante* qui passaient dans l'E. de ces îles, les vents alizés ont tourné au N.

L'existence habituelle de ces vents de la partie du nord entre le Portugal et les Açores n'est ignorée d'aucun marin, et l'on voit par ces exemples qu'ils forment très-souvent, comme l'a avancé M. Lartigue, la transition entre les vents des régions tempérées de l'océan Atlantique Boréal et les vents alizés de N. E., de la même façon que les vents du sud qui longent les côtes occidentales de l'Australie, de l'Afrique et de l'Amérique du Sud, forment la transition entre les vents généraux d'ouest des régions tempérées de l'hémisphère austral et les vents alizés de S. E. des trois océans de cet hémisphère.

On voit aussi, d'après les observations de *la Forte* et du *Rhin*, que dans le nord du tropique du Cancer, comme dans le sud du tropique du Capricorne, mais à une certaine distance de leur origine, les vents alizés se retournent vers le pôle pour former les vents tropicaux.

Ce double caractère des vents alizés de l'océan Atlantique boréal, de tourner par le nord, dans l'est, et par le sud, dans l'ouest de cet océan, avait été signalé par un marin français, le chevalier de la Coudraye, soixante-dix ans avant la publication de la *Géographie physique de la mer*, par M. Maury.

Voici en quels termes s'exprimait M. de la Coudraye, dans sa théorie des vents publiée en 1785 :

« C'est encore à ces causes qu'il est apparent qu'on doit attribuer un fait remarquable qu'éprouvent sur l'océan les vaisseaux qui naviguent d'Europe en Amérique et d'Amérique en Europe. — Lorsqu'en allant ils quittent la région des vents variables pour entrer dans celle des vents alizés, c'est toujours par des vents prenant du nord qu'ils commencent à éprouver du changement; de sorte que les vents variables ont une propension à devenir nord-ouest, puis nord, et enfin nord-est, à mesure qu'ils avancent. A leur retour, au contraire, c'est par les vents de sud que se manifeste leur rentrée dans la région des vents variables; le vent devient sud-est et passe au sud et au sud-ouest [1]. »

Nous venons de montrer, par les résultats de navigation relatés plus haut, que les choses ne se passaient pas autrement en 1862 qu'en 1785. — En donnant sa théorie de la circulation atmosphérique, qui suppose dans l'hémisphère boréal l'existence d'une zone tropicale de calmes, isolant l'alizé de nord-est d'un vent général de sud-ouest, M. Maury aurait donc fait faire à la science un pas en arrière, si la précieuse compilation de faits d'expérience, à laquelle il s'est voué avec une louable ardeur, n'était là pour redresser les erreurs de sa théorie et ne fournissait même les moyens d'étendre les limites de nos connaissances sur la météorologie de la mer.

CONCLUSIONS.

Nous avons rendu compte, avec une fidélité trop scrupuleuse peut-être, des observations de vents faites sur la route d'Europe en Chine et de Chine en Europe, à bord des bâtiments que nous avons successivement commandés ou dont les journaux sont tombés entre nos mains.

Le lecteur a pu voir se révéler à chaque pas un complet désaccord entre les faits observés et les hypothèses admises par M. Maury dans son système des vents; et se vérifier fréquemment au contraire les principes généraux de la théorie de M. Lartigue sur la circulation de l'atmosphère à la surface du globe.

Les observations relatées dans le présent Mémoire seraient assurément trop peu nombreuses, en comparaison de celles inscrites sur les *cartes-pilotes*, pour infirmer les conséquences de ces dernières, si elles contredisaient les nôtres.

---

1. Nous ne croyons pas nécessaire de rappeler au lecteur que les navires partant d'Europe entrent dans les vents alizés par l'Est, tandis que les navires venant d'Amérique les quittent par l'Ouest.

Mais l'auteur de la *Géographie physique de la mer* ne semble guère avoir eu recours, en écrivant les premières éditions de son livre, à la vaste compilation de faits dont ses laborieux efforts ont doté la météorologie.

Il s'est laissé guider surtout par sa vive et fertile imagination, et il a dû le succès incontestable de son œuvre bien moins à l'exactitude de ses hypothèses et à la rigueur de ses déductions qu'à l'originalité hardie de ses conceptions et au charme entraînant de son style.

Le système des vents de M. Maury, comme tous ceux qu'on voudrait lui substituer, ne sauraient cependant avoir de base plus solide que l'interprétation intelligente des innombrables observations de vents inscrites sur les cartes-pilotes.

C'est à l'aide de ces observations que M. Maury aurait dû fournir à ses lecteurs la preuve de l'existence des zones continues de calmes équatoriaux et tropicaux, qui forment la base de son système.

L'aridité de ce genre de preuves aurait nui peut-être à la vogue du livre en rebutant les lecteurs superficiels ; mais la science et la vérité y auraient trouvé leur compte.

Peut-être aussi M. Maury eût-il reculé devant les hypothèses hasardées, qu'il n'a pas craint d'introduire dans sa *Géographie physique de la mer*, en négligeant ainsi l'enseignement des faits d'observations recueillis par lui-même.

M. Lartigue, dans les *Nouvelles annales maritimes* de 1860, a donné de nombreuses preuves du désaccord qui existe entre ces faits et la théorie des vents de M. Maury. — Ce désaccord n'est pas moindre qu'entre la même théorie et les observations de vents recueillies sur *le Duperré*, *la Forte* et d'autres bâtiments de l'expédition de Chine.

Il est bon de remarquer à ce sujet que si la méthode employée pour grouper sur les cartes-pilotes les résultats des observations, a l'avantage de représenter avec exactitude la fréquence relative des vents dans chacun des carrés des cartes, elle laisse ignorer les relations de continuité qui doivent exister nécessairement entre les vents inscrits sur les carrés contigus.

Et ces relations de continuité qui intéressent particulièrement la science météorologique ne peuvent être établies avec un degré suffisant de certitude qu'au moyen de séries d'observations consécutives, pareilles à celles qui ont rempli ce Mémoire.

Ainsi, par exemple, la continuité du grand courant aérien qui, sorti des vents généraux d'O. dans l'océan Atlantique Méridional, tourne au S. O. et au S. dans l'O. du cap de Bonne-Espérance, devient le vent alizé de S. E., franchit l'équateur en commençant à se dévier sur la droite, et va enfin, sous le nom de mousson, pendant l'été boréal, se perdre sur les terres brûlantes de la Guinée; la continuité de ce courant, disons-nous, ne peut se démontrer rigoureusement que par les observations des navires qui ont suivi son parcours sans le voir interrompu.

Ces preuves, lorsqu'elles existent, sont d'ailleurs aussi concluantes, que peut l'être la dérive d'un bateau, de Paris à Rouen, pour prouver la continuité du courant de la Seine.

Malgré la grande utilité des documents fournis par les cartes-pilotes, surtout pour la pratique de la navigation, l'intérêt de la science exige donc qu'à ces précieux documents viennent s'en ajouter d'autres, provenant aussi de l'observation, mais présentés sous une forme propre à faire connaître comment se relient entre eux les vents qui soufflent simultanément sur différents points d'une même mer ou de mers contiguës, et quels sont la nature et le sens habituel de leurs variations.

Déjà l'on a pu voir que les observations relatées dans le cours de ce Mémoire, malgré leur nombre limité, suffisaient pour faire entrevoir ou pour confirmer l'existence de certains faits essentiels qui, pour avoir échappé à l'auteur de la *Géographie physique de la mer*, ne jouent pas moins un rôle capital dans la circulation de l'atmosphère à la surface du globe. Ces faits, si leur généralité sur tous les océans était démontrée, donneraient la clef du système des vents, sans forcer à recourir à des hypothèses sans fondement, ou à l'intervention de causes occultes, comme l'a fait M. Maury. On peut les résumer ainsi :

1° Dans l'océan Indien, comme dans l'océan Atlantique Austral, les vents alizés de S. E. se forment par une dérivation des vents généraux d'O. (variables du S. O. au N. O.) qui, à l'ouest de la Nouvelle-Hollande, comme à l'ouest de la côte d'Afrique, auprès du Cap, tournent graduellement du S. O. au S. et au S. E., sans beaucoup diminuer de force.

2° Les vents alizés de l'océan Indien et de l'océan Atlantique Austral, dans les parties centrale et occidentale de ces deux mers et au sud du 30° parallèle environ, se retournent fréquemment sur la gauche par un mouvement circulaire et se changent en vents tropicaux qui viennent se fondre avec les vents généraux d'O.

3° Les vents alizés de l'océan Atlantique boréal, à l'ouest des Açores et au nord du 30ᵉ parallèle environ, se retournent fréquemment sur la droite par un mouvement circulaire pour former des vents tropicaux.

4° Les vents alizés de l'océan Atlantique austral, aspirés sur la droite par le continent de l'Afrique, se détournent en partie vers ce continent, surtout après avoir franchi l'équateur, et vont s'y engouffrer, pendant l'été boréal, en prenant la direction du S. O.

5° Les vents alizés de l'océan Atlantique boréal, aspirés sur la gauche par le continent de l'Afrique, se détournent en partie vers ce continent et prennent alors la direction du N. O., sous laquelle, particulièrement pendant l'été boréal, ils vont se fondre avec l'alizé austral, et se perdre comme lui sur la côte d'Afrique.

6° Au delà du triangle dont la base est sur la côte de Guinée, le sommet sur la Ligne vers le 30ᵉ méridien, et dont la surface occupée tantôt par des calmes, tantôt par la mousson, représente avec assez d'exactitude le remous produit en aval d'un obstacle tel qu'une culée de pont, par exemple, dans le courant d'une rivière ; au delà de ce triangle, disons-nous, et près de son sommet, les vents alizés de S. E. et de N. E., après en avoir prolongé les deux côtés, se fondent ensemble en prenant une direction intermédiaire, et poursuivent leur route commune vers le continent de l'Amérique méridionale et du Mexique, qui doit aussi les absorber.

7° Enfin, les côtes de Chine, pendant l'été boréal, aspirent pareillement un vaste courant aérien qui, d'après sa direction moyenne, ne peut provenir que des vents alizés de S. E. de l'océan Pacifique, traversant l'équateur pour obéir à cette aspiration, et des vents alizés de N. E. fondus avec les premiers.

Si l'expérience, et particulièrement les documents inscrits sur les cartes-pilotes de M. Maury, démontraient l'existence de faits analogues sur toutes les grandes mers du globe, le véritable système des vents ne serait pas difficile à créer.

Ce système serait fort différent de celui qu'a imaginé l'auteur américain dans sa géographie physique de la mer. Il se rapprocherait beaucoup, au contraire, de celui qu'a exposé, douze ans avant M. Maury, notre compatriote et notre collègue, M. Lartigue, dont les utiles travaux n'ont pas été appréciés comme ils le méritaient.

L'étude des documents des cartes-pilotes, au point de vue que nous indiquons, offre donc un véritable intérêt. Nous essayerons de montrer, dans un prochain Mémoire, que cette étude ne fait que corroborer, en les étendant à tous les océans, les conséquences de nos observations sur les vents de l'océan Atlantique et de l'océan Indien.

S. BOURGOIS
Capitaine de vaisseau.

Paris. — Imprimerie de Ch. Lahure et Cie, rue de Fleurus, 9.

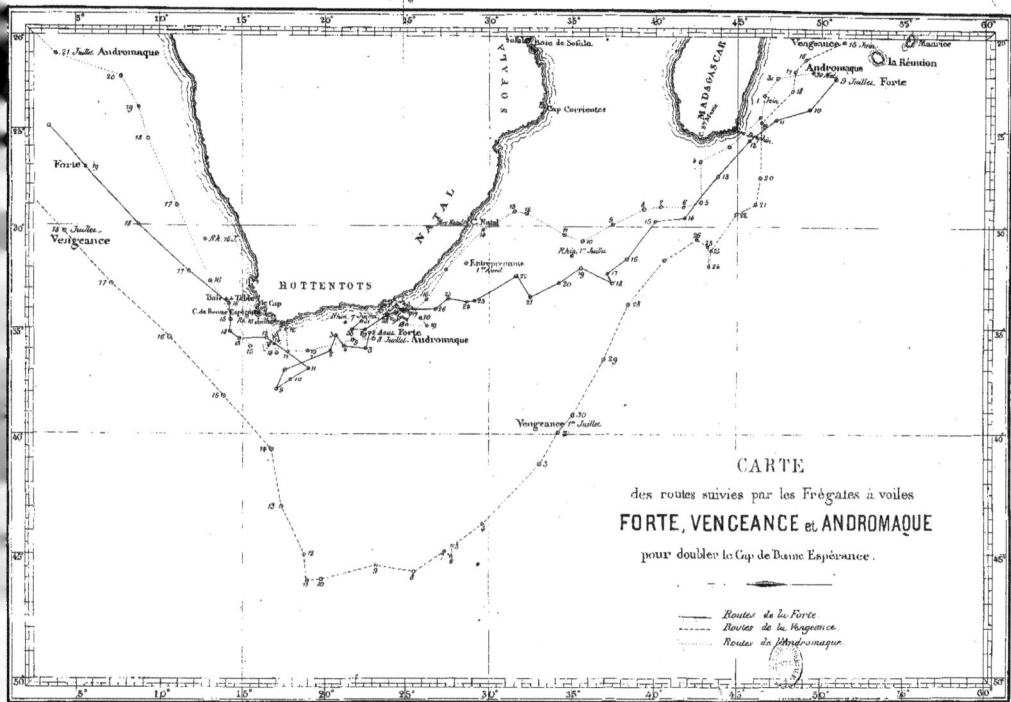

CARTE

des routes suivies par les Frégates à voiles

FORTE, VENGEANCE et ANDROMAQUE

pour doubler le Cap de Bonne Espérance.

Routes de la Forte
Routes de la Vengeance.
Routes de l'Andromaque.

Imp. Auguste Bry. 114 rue du Bac. Paris.

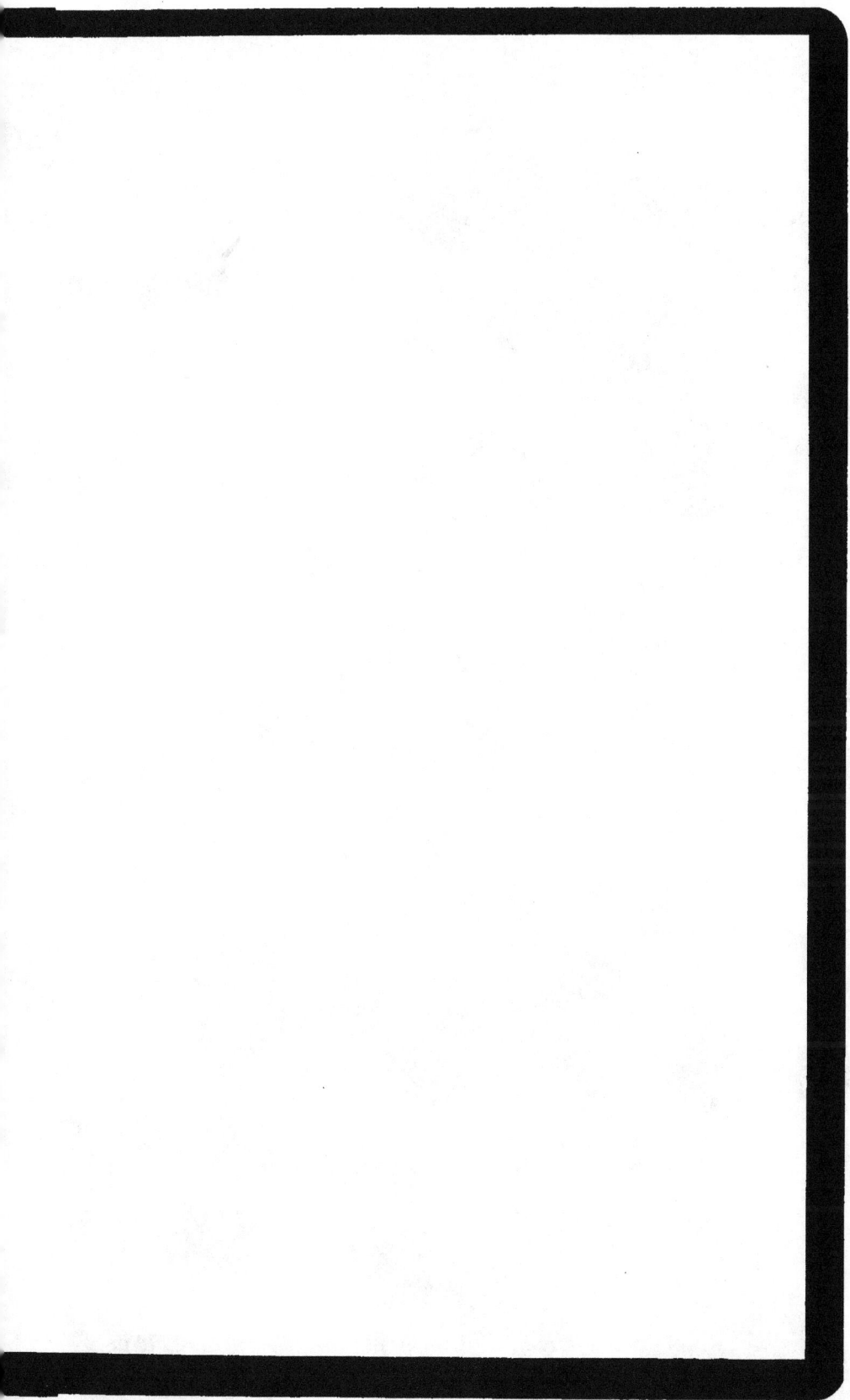

www.ingramcontent.com/pod-product-compliance
Lightning Source LLC
Chambersburg PA
CBHW050602210326
41521CB00008B/1074